KB152430

568
조미료·소스·양념 대백과

요리 맛을 자유자재로, 평생 곁에 두는 단 한 권의 요리책

주부의벗사 지음 | **송소영** 옮김
용동희(푸드스타일리스트) 감수

한스미디어

간장, 폰스, 소금

조림

덮밥

구이

튀김

무침

볶음

밥

면

식초

유제품

소스·딥

구이

수프·전골

치즈 소스

천연 조미료, 기타 조미료2

시작하기 전에 읽어두세요!

기본 배합

☆ 기본 요리의 맛내기 비법. 즐겨 먹는 익숙한 맛을 내고 싶을 때 참고하세요.

배합의 양

☆ 특별한 설명이 없는 한 재료나 분량은 모두 4인분 기준입니다.

☆ 드레싱, 소스, 타레와 같이 배합하기 쉬운 비율은 표기한 분량에 정확히 맞추지 않아도 괜찮습니다. 필요에 따라 조절해주세요.

기본 레시피

☆ 요리를 만드는 가장 기본적인 방법입니다. 이 '기본 레시피'로 다양한 맛의 요리를 만들 수 있어요.

☆ 기본 레시피의 조미료나 조미액(양념)을 취향에 따라 섞어주세요. 자신만의 레시피를 만들 수 있습니다.

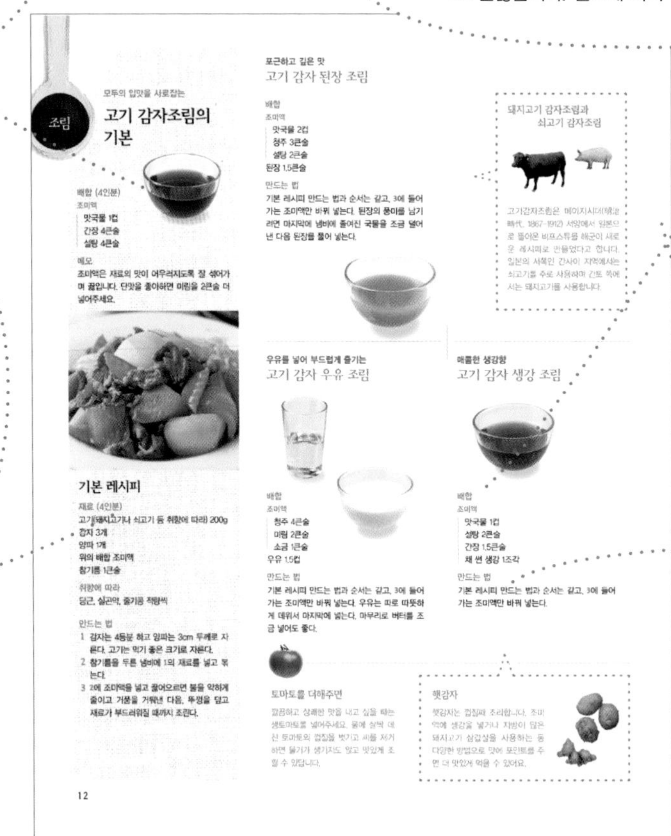

조림

모두의 입맛을 사로잡는

고기 감자조림의 기본

배합 (4인분)
조미액
맛국물 1컵
간장 4큰술
설탕 4큰술

메모
조미액은 재료의 맛이 어우러지도록 잘 섞어가며 끓입니다. 단맛을 좋아하면 미림을 2큰술 더 넣어주세요.

기본 레시피

재료 (4인분)
고기(돼지고기나 쇠고기 등 취향에 따라) 200g
감자 3개
양파 1개
위의 배합 조미액
참기름 1큰술

취향에 따라
당근, 실곤약, 줄기콩 적량씩

만드는 법
1 감자는 4등분 하고 양파는 3cm 두께로 자른다. 고기는 먹기 좋은 크기로 자른다.
2 참기름을 두른 냄비에 1의 재료를 넣고 볶는다.
3 2에 조미액을 넣고 끓어오르면 불을 약하게 줄이고 거품을 거둬낸 다음, 뚜껑을 덮고 재료가 부드러워질 때까지 조린다.

포근하고 깊은 맛
고기 감자 된장 조림

배합
조미액
맛국물 2컵
청주 3큰술
설탕 2큰술
된장 1.5큰술

만드는 법
기본 레시피 만드는 법과 순서는 같고, 3에 들어가는 조미액만 바꿔 넣는다. 된장의 풍미를 남기려면 마지막에 냄비에 졸여진 국물을 조금 덜어낸 다음 된장를 풀어 넣는다.

돼지고기 감자조림과 쇠고기 감자조림

고기감자조림은 메이지시대(明治時代, 1867~1912) 서양에서 일본으로 들어온 비프스튜를 해군이 새로운 레시피로 만들었다고 합니다. 일본의 서쪽인 간사이 지역에서는 쇠고기를 주로 사용하며 간토 쪽에서는 돼지고기를 사용합니다.

우유를 넣어 부드럽게 즐기는
고기 감자 우유 조림

배합
조미액
청주 4큰술
미림 2큰술
소금 1큰술
우유 1.5컵

만드는 법
기본 레시피 만드는 법과 순서는 같고, 3에 들어가는 조미액만 바꿔 넣는다. 우유는 따로 따뜻하게 데워서 마지막에 넣는다. 마무리로 버터를 조금 넣어도 좋다.

매콤한 생강향
고기 감자 생강 조림

배합
조미액
맛국물 1컵
설탕 2큰술
간장 1.5큰술
채 썬 생강 1조각

만드는 법
기본 레시피 만드는 법과 순서는 같고, 3에 들어가는 조미액만 바꿔 넣는다.

토마토를 더해주면

깔끔하고 상쾌한 맛을 내고 싶을 때는 생토마토를 넣어주세요. 물에 살짝 데친 토마토의 껍질을 벗기고 씨를 제거하면 물기가 생기지도 않고 맛있게 조릴 수 있답니다.

햇감자

햇감자는 껍질째 조리합니다. 조미액에 생강을 넣거나 지방이 많은 돼지고기 삼겹살을 사용하는 등 다양한 방법으로 맛에 포인트를 주면 더 맛있게 먹을 수 있어요.

12

배합

☆ 요리의 조미료나 조미액 등을 만드는 각 재료의 분량입니다. 맛을 첨가할 때는 재료도 표시해두었습니다.

☆ 배합 조미료는 재료를 섞어서 한 번에 넣는 것과 하나씩 순서대로 넣는 것이 있습니다. 각각 만드는 법을 참고해주세요.

만드는 법

☆ 배합한 조미료를 사용해 요리를 만드는 순서를 설명합니다. 기본 레시피를 참고하면서 자신만의 스타일로 새롭게 응용할 수 있어요.

☆ 드레싱이나 딥과 같이 배합만으로 완성되는 요리는 재료를 섞는 순서를 설명해두었습니다.

레시피 표기 및 일러두기

☆ 1작은술=5ml, 1큰술=15ml, 1컵=200ml 양입니다. 단, 밥을 지을 때 쌀 1컵은 180ml=1홉입니다.

☆ 이 책의 맛국물은 대부분 가쓰오부시와 다시마를 넣어 끓인 일본식의 맛국물입니다. 직접 만들 때는 156쪽을 참고하세요. 시중에서 판매하는 즉석 맛국물을 사용할 때는 제품 설명에 따라 주의해서 분량을 맞추세요. 과립 수프, 고형 수프, 콩소메는 서양식 수프를 만들 때 사용하고, 닭고기 육수는 중화식 수프를 만들 때 사용합니다.

☆ 조미료 종류는 특별한 설명이 없으면 간장은 진간장, 밀가루는 박력분, 설탕은 백설탕, 오일은 식용유를 사용합니다.

☆ 전자레인지 가열시간은 600W를 사용할 때의 기준 시간입니다. 기종에 따라 와트(W)나 가열상태가 조금씩 다르므로 전자레인지에 따라 가열시간을 조절하세요.

☆ 이 책에 등장하는 '된장', '미소'는 모두 일본식 된장을 의미합니다. 우리나라 된장과는 맛의 차이가 있으므로 레시피에 따라 정확한 맛을 내기 원하실 경우 시중에서 '일본식 된장', '미소'를 구입해서 사용해주세요.

간장

Soy sauce

폰스, 소금

Pons, Salt

간장

누룩 이야기

쌀, 보리, 콩 등의 곡물을 쪄서 숙성시켜 황국균(黃麴菌)을 번식시킨 것을 누룩이라고 합니다. 술, 된장, 간장은 물론이고 미림과 식초를 만들 때도 사용합니다.

콩 이야기

양질의 단백질이 많이서 '밭에서 나는 쇠고기'라고 불립니다. 오래 전부터 콩이 함유한 영양성분을 식생활에 활용해왔어요.

진간장의 식염상당량

식염상당량(食鹽相當量, 식품 중의 나트륨양을 소금량으로 환산해서 표시한 수치)

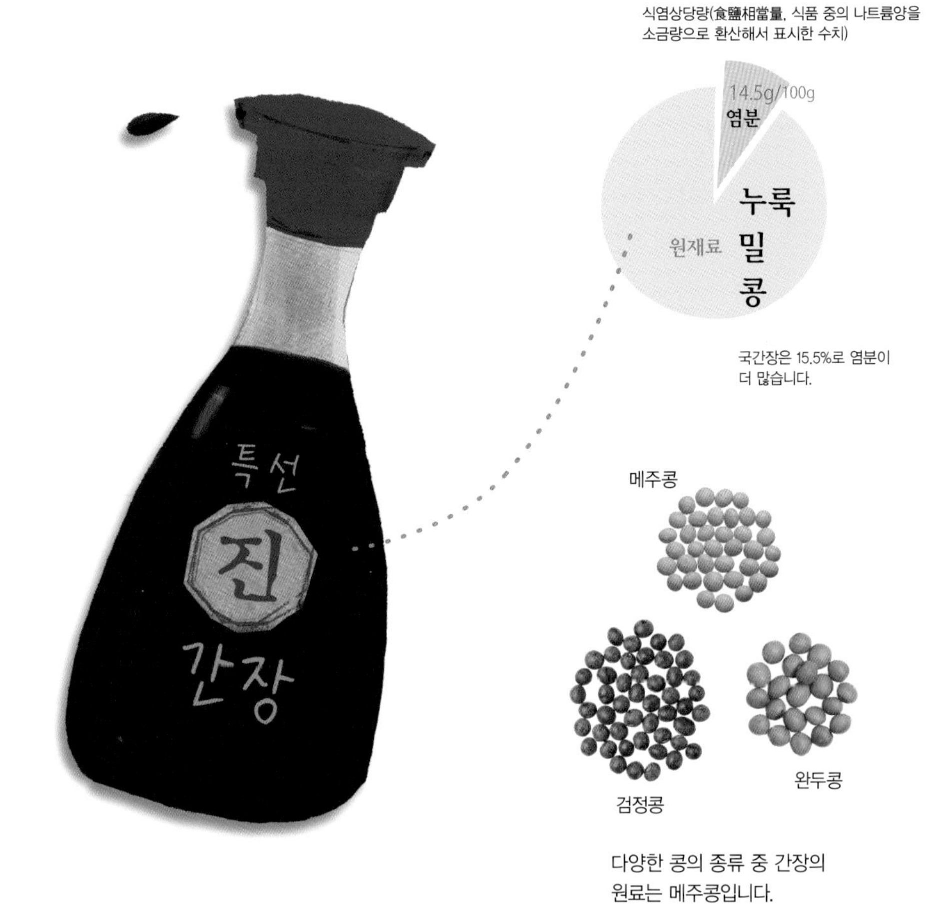

국간장은 15.5%로 염분이 더 많습니다.

다양한 콩의 종류 중 간장의 원료는 메주콩입니다.

만능 조미료

다섯 가지 맛의 근원이라 불리는 '단맛, 신맛, 짠맛, 쓴맛, 감칠맛'. 이 모든 맛을 균형 있게 담고 있는 조미료가 바로 간장입니다. 간장은 생선회, 메밀국수, 우동은 물론 가정에서 하는 거의 모든 요리에도 빼놓을 수 없습니다. 다른 조미료나 향신료를 섞으면 구이요리의 소스나 불고기 양념이 되고 식초를 섞으면 드레싱이나 폰스로 변신합니다. 간장을 주재료로 한 조미료는 헤아릴 수 없이 많으며 아시아 요리가 건강에 좋다고 알려지면서 세계 각국에서 널리 쓰이게 되었습니다. 간장은 색깔, 농도, 향에 따라 구분하며 각 특징에 따라 조리 효과도 다양합니다. 다양한 요리에 사용할 수 있는 만능 조미료인 간장을 효과적으로 적절하게 사용해보세요.

간장도 발효식품

장은 간단하게 콩, 밀, 소금을 원료로 하는 발효식품입니다. 조금 더 자세하게 설명하면 콩을 쪄서 밀과 함께 식염수에 넣고 간장덧을 만든 후 휘저어 가며 발효, 숙성을 시킵니다.

종류는 크게 나눠서 농구(濃口)간장(우리나라의 진간장에 해당. 이후 진간장으로 표기), 담구(淡口)간장(우리나라의 국간장에 해당. 이후 국간장으로 표기), 다마리(溜)간장, 재담금간장, 백간장 이렇게 다섯 종류입니다. 여기서 진간장과 국간장은 맛이 진하고 연한 정도가 아니라, 색깔이 진하고 옅은 정도를 나타낸 것입니다. 염분은 오히려 국간장이 더 높습니다. 염분을 줄이고 싶다면 저염 간장을 사용하는 것이 좋습니다.

진간장

오래 묵어서 진하게 된 간장으로 색은 진하고 단맛이 납니다. 조리, 직접 찍어 먹는 곁들임 간장 등으로 폭넓게 사용합니다.

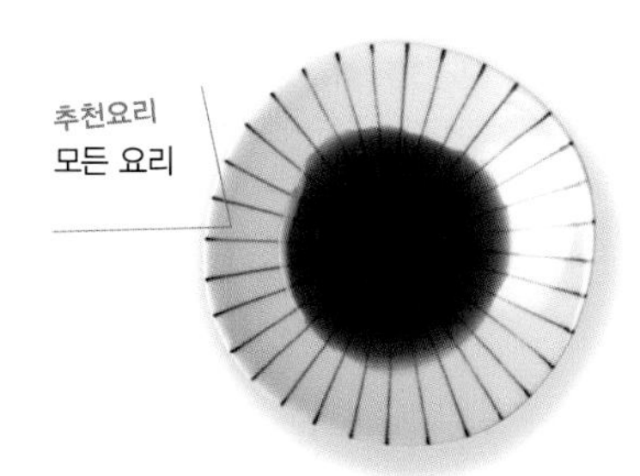

백간장

진한 노란색으로 담백하고 단맛이 강합니다. 맑은 국물을 내는 조미료의 원료로 사용합니다.

국간장

재래간장 또는 조선간장이라고도 합니다. 재료의 색과 풍미를 살리고 싶을 때 사용합니다.

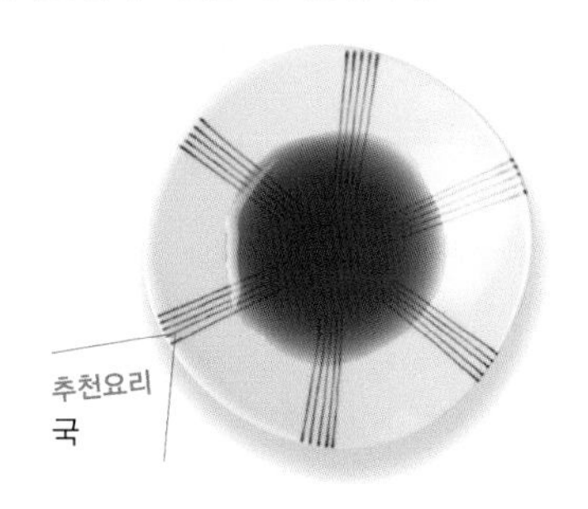

재담금간장

일본의 산인 지방에서 규슈지방까지의 특산물로 색, 맛, 향이 모두 농후합니다.

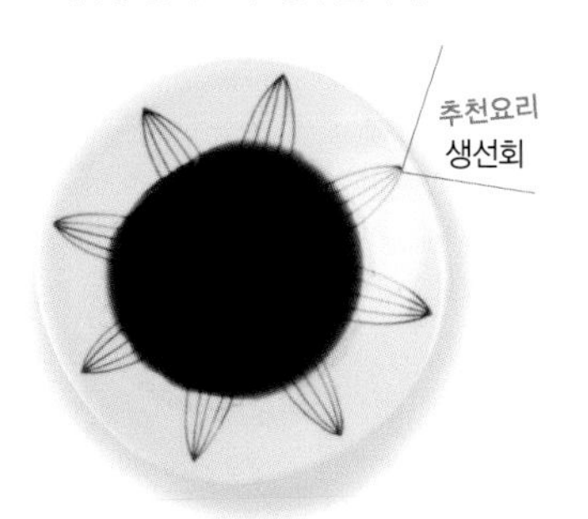

고르는 법과 종류

간장은 맛, 색, 향, 진한 정도가 각각 다릅니다. 사용해 본 적이 없는 간장도 활용해보세요.

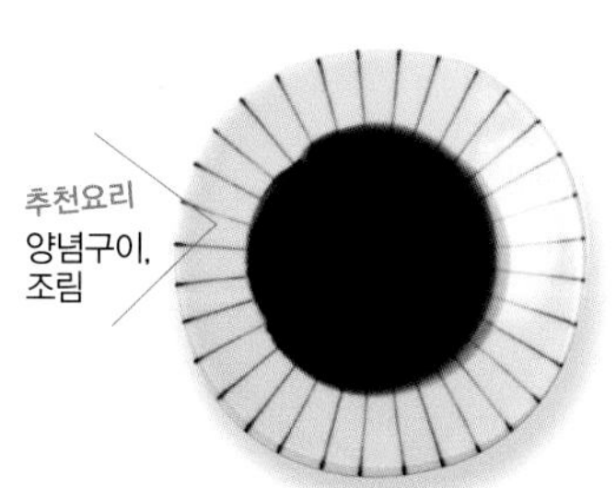

다마리간장

걸쭉하고 농후한 감칠맛, 그리고 독특한 향이 특징이에요. 생선회나 생선초밥에 곁들입니다.

사용법

매일 쓰는 간장 이외에도 용도에 따라 다양하게 사용해보세요. 제조법에 차이가 없더라도 염분을 줄인 저염 간장, 원료에 신경을 쓴 유기농 간장, 맛국물을 넣은 배합 간장 등 종류가 다양합니다.

조리 효과

- 비린내를 없애주는 효과가 있어 생선회에 간장을 곁들입니다.

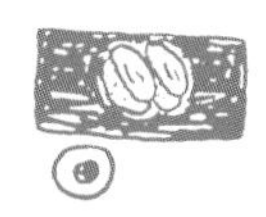

- 가열하면 재료에 향과 윤기를 줍니다.
- 살균 효과가 있어 해산물 조림이나 간장절임에 사용합니다.
- 재료의 단맛과 감칠맛을 끌어내는 작용을 합니다.
- 소금기를 억제합니다. 너무 짜고 매운 음식에 소량을 넣어주세요.

보관방법

시간이 지나면 색이 진해지고 풍미가 떨어지므로 그늘지고 서늘한 곳(냉암소)에 보관해주세요. 요즘은 공기가 들어가지 않도록 개발된 밀폐용기도 판매하고 있습니다.

간장은 에도시대부터?

간장은 원래 음식 재료를 소금으로 절여 저장하는 염장(鹽藏)에서 비롯한 것입니다. 약 3,000년도 전, 고대 중국의 장(醬)이 들어오면서 처음 사용하게 되었다고 합니다.

일본에서는 가마쿠라시대(鎌倉時代, 1192~1333)에 중국으로부터 긴잔지미소(金山寺味噌, 된장 재료인 콩, 밀, 쌀 등에 오이, 가지, 시소 등의 채소와 향신채소를 썰어 넣어 담근 된장)가 들어왔으며, 긴잔지미소에서 나온 진액이 지금의 다마리간장의 원조라고 합니다.

그 후로 각지에서 그 지방에 맞는 간장이 만들어지기 시작했습니다. 에도(江戶, 지금의 도쿄) 지역 사람들이 좋아하는 진간장은 에도시대(江戶時代, 1603~1867)에 만들어졌다고 합니다. 지금 일본 간사이(関西) 지역의 우동 국물이 맑고, 간토(関東) 지역의 우동 국물이 진하게 된 것은 에도시대부터라고 할 수 있습니다.

조림

모두의 입맛을 사로잡는

고기 감자조림의 기본

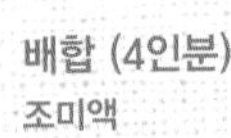

배합 (4인분)

조미액
- 맛국물 1컵
- 간장 4큰술
- 설탕 4큰술

메모

조미액은 재료의 맛이 어우러지도록 잘 섞어가며 끓입니다. 단맛을 좋아하면 미림을 2큰술 더 넣어주세요.

기본 레시피

재료 (4인분)

고기(돼지고기나 쇠고기 등 취향에 따라) 200g
감자 3개
양파 1개
위의 배합 조미액
참기름 1큰술

취향에 따라

당근, 실곤약, 줄기콩 적량씩

만드는 법

1. 감자는 4등분 하고 양파는 3cm 두께로 자른다. 고기는 먹기 좋은 크기로 자른다.
2. 참기름을 두른 냄비에 1의 재료를 넣고 볶는다.
3. 2에 조미액을 넣고 끓어오르면 불을 약하게 줄이고 거품을 거둬낸 다음, 뚜껑을 덮고 재료가 부드러워질 때까지 조린다.

포근하고 깊은 맛

고기 감자 된장 조림

배합

조미액
- 맛국물 2컵
- 청주 3큰술
- 설탕 2큰술

된장 1.5큰술

만드는 법

기본 레시피 만드는 법과 순서는 같고, 3에 들어가는 조미액만 바꿔 넣는다. 된장의 풍미를 남기려면 마지막에 냄비에 졸여진 국물을 조금 덜어 낸 다음 된장를 풀어 넣는다.

돼지고기 감자조림과 쇠고기 감자조림

고기감자조림은 메이지시대(明治時代, 1867–1912) 서양에서 일본으로 들어온 비프스튜를 해군이 새로운 레시피로 만들었다고 합니다. 일본의 서쪽인 간사이 지역에서는 쇠고기를 주로 사용하며 간토 쪽에서는 돼지고기를 사용합니다.

우유를 넣어 부드럽게 즐기는

고기 감자 우유 조림

배합

조미액
- 청주 4큰술
- 미림 2큰술
- 소금 1큰술

우유 1.5컵

만드는 법

기본 레시피 만드는 법과 순서는 같고, 3에 들어가는 조미액만 바꿔 넣는다. 우유는 따로 따뜻하게 데워서 마지막에 넣는다. 마무리로 버터를 조금 넣어도 좋다.

매콤한 생강향

고기 감자 생강 조림

배합

조미액
- 맛국물 1컵
- 설탕 2큰술
- 간장 1.5큰술
- 채 썬 생강 1조각

만드는 법

기본 레시피 만드는 법과 순서는 같고, 3에 들어가는 조미액만 바꿔 넣는다.

토마토를 더해주면

깔끔하고 상쾌한 맛을 내고 싶을 때는 생토마토를 넣어주세요. 물에 살짝 데친 토마토의 껍질을 벗기고 씨를 제거하면 물기가 생기지도 않고 맛있게 조릴 수 있답니다.

햇감자

햇감자는 껍질째 조리합니다. 조미액에 생강을 넣거나 지방이 많은 돼지고기 삼겹살을 사용하는 등 다양한 방법으로 맛에 포인트를 주면 더 맛있게 먹을 수 있어요.

궁합이 좋은 재료의 만남

방어 무조림의 기본

배합 (4인분)

조미액

- 맛국물 1.5컵
- 청주 1/2컵
- 미림 3큰술
- 간장 3큰술
- 설탕 1큰술
- 얇게 썬 생강 1조각

메모

생선 비린내를 줄이기 위해 생강을 넣습니다. 생강은 얇게 썰거나, 강판에 갈거나, 즙을 내서 넣는 등 취향에 따라 변화를 주세요.

기본 레시피

배합 (4인분)

방어 4토막
무(소) 1/2개
위의 배합 조미액
식용유 3큰술

만드는 법

1. 무는 껍질을 벗기고 1.5cm 두께로 반달썰기를 한다.
2. 식용유를 두른 프라이팬에 무, 방어의 순서로 표면을 익힌다. 무와 방어를 꺼내 뜨거운 물을 끼얹는다.
3. 냄비에 조미액을 넣고 끓어오르면 무를 넣고 뚜껑을 덮어 10분간 익힌다. 무가 익으면 방어를 넣고 뚜껑을 덮어서 15분 더 조린다.

전자레인지로 만드는

간단 방어 무조림

배합

조미액

- 맛국물 1컵
- 간장 1.5큰술
- 청주 1큰술
- 설탕 1큰술
- 채 썬 생강 1조각

만드는 법

얇게 자른 무는 조리기 전에 전자레인지에 약 6분간 익힌다. 냄비에 조미액을 넣고 끓어오르면 무와 방어를 넣고 15분 정도 조린다.

등푸른생선에 어울리는 산뜻한 맛

개운한 생선조림

배합(생선 4토막 분량)

조미액

- 다시마 국물 3컵
- 국간장 2큰술
- 청주 2큰술

생강즙 1/2작은술

만드는 법

방어는 뜨거운 물을 끼얹은 다음 찬물로 씻어 잡냄새와 핏기 등을 없앤다. 냄비에 다시마 국물과 손질한 방어를 넣고 끓인다. 생선이 익으면 국간장과 청주를 넣고 조려준다. 그릇에 담고 취향에 따라 생강즙을 곁들인다.

간단한 대표 생선조림

가자미조림

배합(가자미 4토막 분량)

조미액

- 물 1컵
- 청주 1컵
- 설탕 1.5큰술
- 간장 4큰술
- 얇게 썬 생강 1조각

만드는 법

냄비에 조미액을 넣고 끓어오르면 가자미를 나란히 깔고 뚜껑을 덮어 조린다.

다마리간장이 맛의 포인트

참치조림

배합(참치 240g 분량)

조미액

- 청주 1/2컵
- 미림 1큰술
- 설탕 1큰술

생강즙 1/2작은술
다마리간장 1큰술

만드는 법

참치는 뜨거운 물을 끼얹은 다음 찬물로 씻어 잡냄새와 핏기 등을 없앤다. 냄비에 손질한 참치와 조미액, 그리고 파를 넣고 끓인다. 끓기 시작하면 다마리간장과 생강즙을 넣고 15분 정도 조린다.

방어와 가자미

기름기가 많은 방어는 무와 같이 담백한 채소와 함께 요리해 균형을 맞추세요. 가자미와 같은 흰살생선은 생선 본연의 맛을 살리기 위해 맛국물을 사용하지 않고 조립니다.

조림

맛있게 매콤달콤한

당근 우엉조림의 기본

배합(4인분)

조미액

- 청주 2큰술
- 설탕 2큰술
- 간장 2큰술

오일: 참기름 1큰술

매운맛: 잘게 썬 홍고추 1/2 분량

메모

매운 정도는 홍고추의 양으로 조절합니다. 고추씨와 함께 잘게 썰면 매운맛이 더 강해져요. 홍고추 대신에 후추로 바꾸거나 참기름 대신에 올리브유로 바꾸는 등 자신의 취향에 맞는 조림을 만들어 보세요.

기본 레시피

재료(4인분)

우엉, 당근, 연근 등 좋아하는 채소 약 200g
위의 배합 조미액, 기름, 매운맛

만드는 법

1. 채소 종류는 얇게 썰거나 채썰기를 해준다. 취향에 따라 써는 법은 바꿔도 된다.
2. 참기름을 두른 냄비에 재료와 1의 채소를 넣고 볶는다.
3. 참기름이 채소 전체에 고루 배면 조미액을 넣는다. 국물이 없어질 때까지 볶아서 조린다.

후추의 강한 풍미를 살린

후추 당근 우엉조림

배합

조미액

- 맛국물 1/2컵
- 설탕 1작은술
- 간장 1큰술
- 미림 1큰술

오일: 참기름 1큰술

매운맛: 후추 1/2큰술

만드는 법

기본 레시피를 참고한다. 조미액의 양이 많아 가열시간이 길어지므로 채소는 약간 두껍게 썰어야 한다.

빵과 와인에도 어울리는 올리브 향

서양식 당근 우엉조림

배합

조미액

- 청주 2큰술
- 간장 1큰술

오일: 올리브유 1큰술

다진 마늘 1톨 분량

매운맛: 후추 적량

만드는 법

기본 레시피를 참고한다. 레시피 2번에서 참기름 대신 올리브유를 두르고 마늘을 볶은 다음 조미액을 넣는다. 매운맛을 내는 재료는 마지막에 넣어준다. 베이컨을 첨가해주면 맛이 더욱 좋아진다.

가쓰오부시 간장으로 맛을 내 감칠맛 나는

맛간장 당근 우엉조림

배합

조미액

가쓰오부시 간장(24쪽 참고) 2큰술

오일: 식용유 1큰술

매운맛: 시치미 적량

만드는 법

기본 레시피를 참고한다. 시치미는 기본 레시피의 3에서 국물이 조려진 후에 넣는다. 두릅과 같이 향을 살리고 싶은 채소에 사용한다.

쇠고기에도 어울리는 카레 맛

카레 당근 우엉조림

배합

조미액

- 카레 가루 1/2큰술
- 토마토케첩 1큰술
- 간장 1큰술
- 설탕 1작은술

오일: 식용유 1.5큰술

파슬리 적량

만드는 법

기본 레시피를 참고한다. 파슬리는 레시피 3의 마지막에 넣어준다. 소금, 후추로 밑간을 한 쇠고기를 재료로 넣어줘도 맛있다.

삼색 채소조림

가는 채 채소조림의 대표 재료인 당근과 우엉 이외에 취향에 맞춰 셀러리를 넣어도 맛있답니다. 향이 강하므로 간장과 미림을 약간 뿌리는 정도로만 간을 합니다.

집에 있는 재료로 만드는 질리지 않는 맛

통삼겹조림의 기본

배합(4인분)

조미액

- 간장 4큰술
- 설탕 4큰술
- 청주 1/2컵
- 물 1.5컵

메모

식어도 맛있게 먹을 수 있는 요리를 배워두면 편리해요. 아이들이 좋아하는 삶은 달걀을 넣으면 양도 풍성해지고 맛도 아주 좋아집니다.

기본 레시피

재료(4인분)

돼지고기(통삼겹) 400g
파(잎 부분) 1개 분량
얇게 썬 생강 3장
위의 배합 조미액
취향에 따라
삶은 달걀, 연겨자 적량씩

만드는 법

1. 냄비에 물을 넉넉히 넣고 끓어오르면 돼지고기를 넣고 삶은 다음 건져낸다.
2. 냄비에 1의 돼지고기를 넣고 돼지고기가 잠길 정도만 물을 붓는다. 파, 생강을 넣고 1시간 정도 약불에서 푹 삶아준다. 고기를 꺼내서 큼직하게 썬다.
3. 냄비에 다시 고기를 넣고, 조미액을 넣는다. 뚜껑을 덮고 20분간 조린다. ※이때 달걀을 넣어준다. 간이 맞으면 5분 정도 더 조린다. 취향에 따라 삶은 달걀을 넣을 때는 고기를 꺼낸 후에 넣고 조미액을 섞어준다. 연겨자를 찍어 먹어도 맛있다.

다양한 식재료를 우린 일본의 향토 요리

치쿠젠니(筑前煮)

배합

조미액

- 설탕 1큰술
- 미림 2큰술
- 청주 2큰술
- 간장 4.5큰술

식용유 적량

만드는 법

식용유를 두른 냄비에 재료를 넣고 볶은 다음 재료가 잠길 정도만 물을 넣고 가열한다. 끓어오르면 조미액을 넣고 15분 정도 더 조린다.

매실주를 넣은 깔끔하고 고급스러운 맛

매실주 통삼겹조림

배합

조미액

- 매실주 1/2컵
- 매실주에 사용한 매실 4개
- 물 1.5컵

간장 2큰술

만드는 법

기본 레시피를 참고한다. 간장은 레시피 3에서 20분 정도 조린 후에 맛을 보면서 넣어준다.

매실주 조림

매실주를 사용한 부드럽고 달콤한 통삼겹조림. 매실장아찌를 그대로 넣어도 맛을 제대로 낼 수 있습니다. 마지막에 간장으로 간을 보면서 염분을 조절하세요.

유부 요리의 대표주자

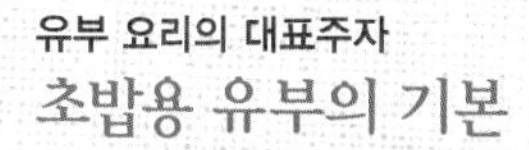

초밥용 유부의 기본

기본 레시피

배합(유부 6장 분량)

조미액

- 맛국물 2컵
- 미림 4큰술
- 설탕 6큰술
- 간장 6큰술

만드는 법

냄비에 조미액을 넣고 끓어오르면 유부를 넣는다. 뚜껑을 덮고 약불에서 국물이 없어질 때까지 15분간 조린다.

고급스러운 맛

깔끔한 유부

배합(유부 6장 분량)

조미액

- 맛국물 1.5컵
- 설탕 2큰술
- 미림 4큰술
- 간장 4큰술

만드는 법

기본 레시피를 참고한다.

유부에 초밥용 밥(56쪽 참고)을 넣어 유부초밥을 만들어도 좋아요.

덮밥

모두에게 사랑받는 정통 덮밥

닭고기 달걀덮밥의 기본

배합(4인분)

조미액

- 맛국물 2컵
- 청주 1.5큰술
- 설탕 2큰술
- 미림 1큰술
- 간장 4큰술

메모

덮밥 전용 냄비가 있으면 편리하지만, 없다면 작은 냄비나 프라이팬으로 만들어도 괜찮습니다. 1인분씩 만드는 것이 가장 좋아요.

기본 레시피

재료(1인분)

밥 1공기
닭 다리 1/2개
양파 1/4개
파드득나물 적량
달걀 1개
위의 배합 조미액 1인분

만드는 법

1. 닭고기는 한입 크기로 자른다. 양파는 3mm 두께로 채 썰고 파드득나물은 3cm 길이로 자른다.
2. 작은 프라이팬에 재료를 잘 섞은 조미액의 1/4 분량을 중불로 가열한다. 조미액이 끓어오르면 닭고기와 양파를 넣는다.
3. 닭고기를 뒤집어가며 익혀준 후, 달걀물을 냄비 주위로 돌려주듯이 넣는다.
4. 달걀이 반숙 상태가 되면 파드득나물을 넣고 미리 그릇에 담아놓은 밥 위에 얹는다.

깔끔한 맛에 감칠맛도 확실한

담백한 닭고기 달걀덮밥

재료(4인분)

조미액

- 물 1/2컵
- 표고버섯 간장 6큰술
  (만드는 법은 아래 레시피 참고)

만드는 법

기본 레시피의 2번에서 조미액만 바꿔서 넣는다.

어떤 볶음 요리에도 잘 어울리는

표고버섯 간장

재료(만들기 편한 분량)

간장 1/2컵
청주 1/2컵
미림 2작은술
마른 표고버섯(슬라이스) 10g

만드는 법

냄비에 재료를 모두 넣고 중불로 가열한다. 끓어오르면 거품을 걷어낸 다음 불을 약하게 줄여 30초 정도 더 끓인다. 3시간 이상 지난 후에 사용한다.

전문점의 맛을 가정에서도

쇠고기 덮밥의 기본

배합(4인분)

조미액

- 물 1과1/3컵
- 간장 5큰술
- 설탕 2큰술
- 미림 2큰술

청주 2큰술

메모

쇠고기와 양파만 있으면 이 조미액으로 간단하게 맛있는 쇠고기 덮밥을 만들 수 있어요. 분홍 생강절임을 듬뿍 얹어서 일본식 된장국과 먹으면 최고의 궁합이랍니다.

기본 레시피

재료(4인분)

밥 4공기 분량
쇠고기(얇게 썬 것) 400g
양파 1/2개
완두콩(냉동) 1큰술
위의 배합 조미액

만드는 법

1. 쇠고기는 3cm 폭으로, 양파는 세로로 5mm 두께로 자른다. 완두콩은 해동을 해둔다.
2. 냄비에 조미액 재료를 넣고 가열한다. 조미액이 끓기 시작하면 양파를 넣고 양파가 투명해질 때까지 끓인다. 쇠고기를 넣고 거품을 걷어내면서 7분 정도 조린다.
3. 그릇에 밥을 담고 2를 4등분해서 얹는다. 마무리로 완두콩을 뿌린다.

자꾸 생각나는 맛

복고풍 쇠고기 덮밥

배합(4인분)

조미액

- 토마토케첩 6큰술
- 우스터 소스 4큰술
- 간장 2큰술
- 연겨자 1큰술

식용유 적량

만드는 법

기본 레시피 만드는 법에서 2번만 다음과 같이 바꿔준다.

2. 식용유를 두른 프라이팬에 양파, 쇠고기 순서로 볶아준다. 고기 색깔이 바뀌면 조미료를 넣고 함께 볶아준다.

밥 도둑
돼지고기 생강구이의 기본

배합(돼지고기 400g 분량)

구이용 소스

- 간장 3큰술
- 미림 2큰술
- 청주 1큰술
- 생강즙 1/2작은술

메모

인기 메뉴인 돼지고기생강구이도 매번 똑같은 양념으로만 만들면 질릴 수 있어요. 생강의 풍미를 살리는 여러 가지 소스로 변화를 주면 다양한 메뉴로 변신합니다.

기본 레시피

재료(4인분)

돼지고기(얇게 썬 것) 400g
위의 구이용 소스
밀가루 2큰술
식용유 1큰술

만드는 법

1. 돼지고기는 굽는 동안 모양이 변하는 것을 방지하기 위해 지방과 살의 연결 부위에 칼집을 여러 번 내준 다음 밀가루를 얇게 뿌린다.
2. 구이용 소스 재료를 잘 섞는다.
3. 식용유를 두른 프라이팬에 돼지고기를 2인분씩 나눠서 굽는다. 강불에서 구워 돼지고기의 표면이 익으면 꺼낸다.
4. 돼지고기 4인분을 전부 프라이팬에 다시 넣는다. 2의 구이용 소스를 넣고 가열해서 끓어오르면 고기와 잘 섞어준다.

깊은 맛을 낸
중화식 돼지고기 생강구이

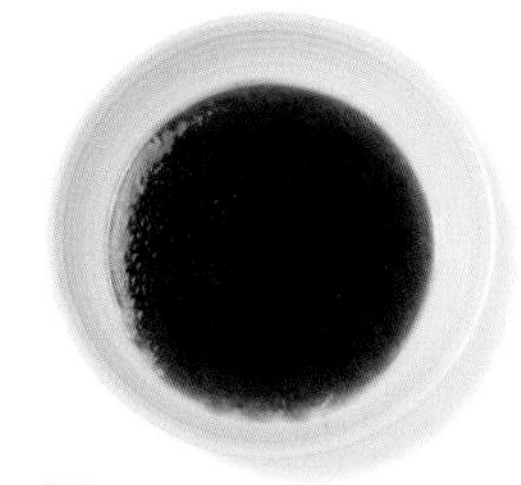

배합

구이용 소스

- 마늘즙 1/2작은술
- 생강즙 1/2작은술
- 간장 3큰술
- 참기름 3큰술
- 청주 1.5큰술
- 미림 2작은술
- 두반장 2작은술
- 설탕 2작은술

만드는 법

기본 레시피와 같다. 레시피의 만드는 법 2에서 섞고 4의 구이용 소스만 바꿔준다.

양파즙으로 시원한 맛을 낸
상큼한 돼지고기 생강구이

배합

구이용 소스

- 양파즙 2큰술
- 간장 2.5큰술
- 청주 2.5큰술
- 생강즙 1/2작은술
- 설탕 1큰술
- 식초 1큰술

만드는 법

기본 레시피를 참고한다. 레시피 만드는 법 2에서 구이용 소스를 섞어줄 때 양파즙만 살짝 볶아서 넣어준다.

오렌지로 변화를 준 세련된 맛
서양식 돼지고기 생강구이

배합

구이용 소스

- 오렌지 1개
- 생강즙 1/2작은술
- 소금 1작은술
- 발사믹 식초 2큰술
- 화이트와인 2큰술

만드는 법

기본 레시피와 같다. 레시피의 만드는 법 2에서 섞고 4의 구이용 소스만 바꿔준다. 오렌지는 껍질은 강판에 갈고 알맹이는 잘게 썰어서 넣는다.

일본식 된장으로 맛을 낸
된장 돼지고기 생강구이

배합

구이용 소스

- 붉은 된장(아카미소) 2큰술
- 설탕 1작은술
- 청주 4큰술
- 미림 4큰술
- 생강즙 2큰술

만드는 법

기본 레시피와 같다. 레시피의 만드는 법 2에서 섞고 4의 구이용 소스만 바꿔준다.

오렌지 돼지고기 생강구이

오렌지 과즙과 발사믹 식초의 풍미를 더한 산뜻한 맛의 서양식 돼지고기 생강구이를 만듭니다. 과일의 달콤한 향이 식탁을 화려하고 즐겁게 합니다.

구이

외우기 쉬운 데리야키 소스의 황금비율

닭고기 데리야키의 기본

배합(닭 다리 2개 분량)
소스
- 간장 2큰술
- 미림 2큰술

메모
데리야키는 재료에 소스를 발라가면서 구워 윤이 나게 하는 방법입니다. 구우면 보기에도 좋고 향도 좋아서 식욕을 돋웁니다. 식어도 맛이 있어 도시락 반찬으로도 좋아요.

단맛을 좋아하면
벌꿀로 부드러운 단맛을 더해준다

배합
소스
- 간장 1.5큰술
- 청주 1.5큰술
- 미림 1.5큰술
- 벌꿀 2큰술
- 소금, 후추 약간씩

닭고기 데리야키

재료(4인분)
닭 다리 2개
위의 배합(기호에 따라 단맛으로) 소스
식용유 1큰술
취향에 따라
- 꽈리고추 적량

만드는 법
1. 닭고기는 포크같이 뾰족한 것으로 양면을 찔러가며 구멍을 내준다. 꽈리고추는 살짝 볶는다.
2. 식용유를 두른 프라이팬에 닭고기를 넣고 강불에서 닭고기의 양면을 굽는다. 닭고기가 노릇노릇하게 구워지면 불을 중불로 줄이고 뚜껑을 덮어 5분 정도 찐다.
3. 소스를 넣어 전체적으로 섞어준다.

미림으로 윤기를 더해주는

닭고기완자 구이

배합(다진 닭고기 300g 분량)
소스
- 간장 2큰술
- 미림 3큰술

만드는 법
식용유를 두른 프라이팬에 완자를 넣어 굽는다. 표면이 노릇하게 구워지면 소스를 넣고 국물이 없어질 때까지 섞어가며 조린다.

도시락 반찬에 최고! 고소한 향의

쇠고기 말이 구이

배합(쇠고기 240g 분량)
소스
- 간장 1큰술
- 설탕 1/2큰술
- 청주 1큰술

밀가루 적량

만드는 법
살짝 데친 당근과 쇠고기로 돌돌 말아 밀가루를 뿌려서 굽는다. 노릇하게 구워지면 소스를 넣어 골고루 섞어가며 졸인다.

사오싱주로 맛의 변화를 준

중화식 데리야키

배합
소스
- 간장 1큰술
- 사오싱주(紹興酒, 찹쌀을 발효해서 만든 중국 향토 술) 1큰술
- 설탕 1큰술

만드는 법
기본 레시피와 같다. 기본 레시피의 만드는 법 3의 소스만 바꿔준다. 두반장이나 유자후추를 곁들여도 좋다.
※사오싱주가 없으면 맛술로 대체합니다.

닭고기

쇠고기

닭고기 소스, 쇠고기 소스

담백한 닭고기는 단맛을 강조한 데리야키 소스, 감칠맛이 강한 쇠고기는 간장 풍미의 깔끔한 소스가 잘 어울립니다. 소의 사태살은 담백해서 구이용으로 사용하면 특별한 날을 위한 만찬으로 변신합니다.

밥반찬으로 달콤한 소스

방어 데리야키의 기본

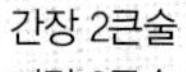

배합(방어 4토막 분량)

소스

- 간장 2큰술
- 미림 2큰술
- 청주 3큰술
- 설탕 1큰술

메모

프라이팬만으로 손쉽게 만들 수 있는 생선 메뉴를 알아두면 유용합니다. 방어에 소금을 뿌려두면 수분과 비린내가 빠져 한층 맛이 좋아져요. 조금 귀찮더라도 미리 절이면 더욱 맛이 좋습니다.

기본 레시피

재료(4인분)

방어 4토막
위의 배합 소스
소금 적량

만드는 법

1 방어는 소금을 양면에 뿌려 15분 정도 절인 후 물기를 닦는다.
2 소스 재료를 모두 섞는다.
3 달군 프라이팬에 1의 방어를 넣고 양면을 굽는다.
4 프라이팬을 닦고 소스를 둘러준다. 방어에 소스를 끼얹어가면서 조린다.

정어리와 꽁치 같은 등푸른생선에는

마늘 데리야키

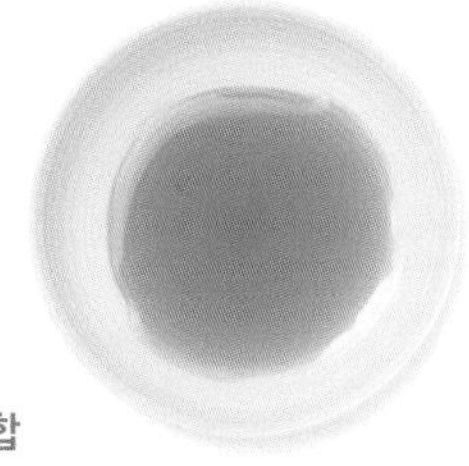

배합

소스

- 마늘즙 1작은술 분량
- 간장 3큰술
- 미림 2큰술
- 설탕 1큰술
- 물 4큰술

만드는 법

기본 레시피와 같다. 기본 레시피의 만드는 법 2에서 섞고 4의 소스만 바꿔준다. 전갱이나 정어리로 만들 때는 반으로 펼쳐 다듬은 후 조리한다.

방어와 같이 지방이 많은 생선에는

담백한 양념구이

배합(생선 4토막 분량)

재움장

- 간장 50ml
- 청주 50ml

만드는 법

재움장을 만들어 생선 4토막을 5시간 정도 재워둔다. 그릴을 달군 뒤 생선의 양면을 굽는다.

갈치, 생연어, 꼬치고기에

유안구이

(幽庵–, 간장, 청주, 미림 등의 조미료 유자나 카보스를 얇게 썰어 넣어 만든 양념장으로 생선을 재웠다가 굽는 요리)

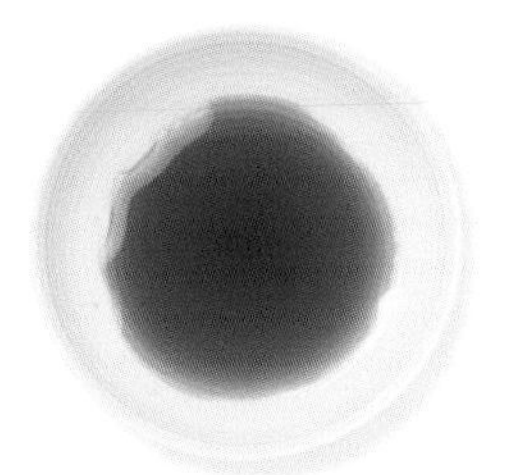

배합(생선 4토막 분량)

재움장

- 간장 3큰술
- 미림 2큰술
- 얇게 썬 유자 4장

만드는 법

재움장 재료를 전부 섞어 생선 4토막을 15분 정도 재워둔다. 달군 그릴에 생선의 양면을 굽는다.

대구처럼 담백한 생선은

남반야키

(南蛮–, 생선을 기름에 튀겨서 파, 고추와 함께 식초에 재워서 이용하는 요리)

배합(생선 4토막 분량)

재움장

- 미림 4큰술
- 간장 4큰술

다진 파 2큰술
카레 가루 1/2큰술

만드는 법

재움장 재료를 섞고 생선 토막을 20분 정도 재워둔다. 생선에 파를 얹어 그릴에 구운 후 마무리로 카레 가루를 뿌려준다.

담백한 생선의 구이용 소스는

담백한 흰살생선은 잘게 썬 파를 듬뿍 얹어 구워주세요. 마무리로 카레를 뿌려주면 풍미가 좋아져 더욱 맛있어집니다.

대구

생선 비린내를 없애고 싶을 때

마늘로 비린내를 없앤 데리야키로 만들면 비린내를 싫어하는 아이도 잘 먹을 수 있습니다. 영양 만점인 정어리나 꽁치 등의 등푸른생선으로 도전해보면 좋아요. 생선은 껍질 쪽부터 구워야 고소해집니다.

정어리

불고기 양념장

집에서 고기를 굽거나 함께 모여 바비큐 파티를 할 때 한층 흥을 돋워주는 불고기! 고기의 특성에 맞춘 양념장으로 미리 준비를 하면 다양한 맛을 즐길 수 있습니다.

양념장의 기본

모든 고기와 어울리는 간장 양념의 기본

간장 불고기

배합(고기 400g 분량)
설탕 1과1/3큰술
청주 3큰술
간장 4큰술
후추 약간
고춧가루 약간
다진 파 1큰술
참기름 1큰술
으깬 참깨 1큰술

만드는 법
고기에 모든 재료를 넣어 버무린 후 재워둔다.

모든 고기와 잘 어울리는 된장

된장 불고기

배합(고기 400g 분량)
된장 5큰술
청주 2큰술
미림 2큰술
설탕 1큰술
다진 파 10m 분량

만드는 법
고기에 모든 재료를 넣어 버무린 후 재워둔다.

쇠고기

생강으로 시원한 풍미를 더한

담백한 불고기

배합(고기 400g 분량)
간장 4큰술
식초 2큰술
벌꿀 2큰술
참기름 2큰술
마늘즙 1작은술
생강즙 1작은술

만드는 법
고기에 모든 재료를 넣어 버무린 후 재워둔다.

와인의 고급스러운 풍미에 어울리는 맛

스테이크 불고기

배합(고기 400g 분량)
레드와인 1/2컵
간장 2작은술
설탕 1작은술
양파즙 2큰술
생강즙 1/2작은술
마늘즙(소) 1/2작은술

만드는 법
모든 재료를 냄비에 넣고 끓인다. 끓어오르면 불을 끄고 식힌다. 소금, 후추로 밑간한 고기를 넣어 버무린 후 재워둔다.

돼지고기

적당한 농도로 어른들도 좋아하는

스페어 립의 기본

배합(스페어 립 800g 분량)
양파즙 2큰술
마늘즙 1/2작은술
레드와인 1/4컵
토마토케첩 2큰술
간장 1큰술
소금 1작은술
후추, 육두구(肉荳蔲, 너트메그) 약간씩

만드는 법
고기에 모든 재료를 넣어 버무린 후 재워둔다.

질리지 않는 매콤달콤한 맛

스파이시 스페어 립

배합(스페어 립 800g 분량)
간장 2큰술
피시 소스 1큰술
흑설탕 3큰술
사오싱주 2큰술
식초 1큰술
마늘즙 1작은술 분량
후추 약간

만드는 법
고기에 모든 재료를 넣어 버무린 후 재워둔다.

닭고기

푸근함이 느껴지는 특별한 맛

닭고기 꼬치구이식

배합

간장 1/2컵
미림 1/2컵
설탕 60g

만드는 법

모든 재료를 넣어 끓어오르면 불을 끄고 식힌다. 식으면 고기에 발라가며 굽는다.

동남아시아의 꼬치 구이

사테이(satay)

배합

땅콩 소스(만드는 법 아래 레시피 참고) 6큰술
마늘즙 2작은술
생강즙 2작은술
간장 1작은술
청주 2큰술
소금, 후추 약간

만드는 법

모든 재료를 섞는다. 고기를 구워 알맞게 익으면 고기에 소스를 발라서 노릇해질 때까지 굽는다.

땅콩 소스

재료(사용하기 편한 분량)

땅콩버터 4큰술
청주 2큰술
물 3큰술
설탕 1큰술

만드는 법

모든 재료를 섞는다. 푸른 채소를 무치거나 식초를 적당히 넣어 드레싱으로 사용하는 등 다양하게 활용하면 좋다.

불고기 소스

구운 고기를 찍어먹는 소스도 다양합니다. 맛을 더해주거나 뒷맛을 깔끔하게 해주기 때문에 질리지 않고 먹을 수 있습니다.

균형 잡힌 만능 양념장

간장 소스

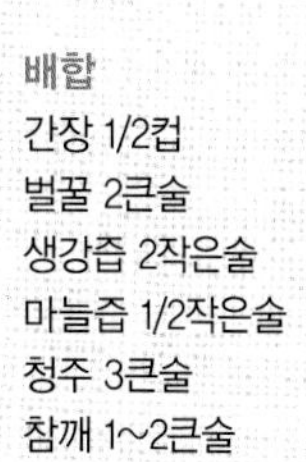

배합

간장 1/2컵
벌꿀 2큰술
생강즙 2작은술
마늘즙 1/2작은술
청주 3큰술
참깨 1~2큰술

만드는 법

청주는 끓여 알코올 성분을 날려준다. 모든 재료를 섞는다. 양념이 심플한 불고기에 잘 어울린다.

산미와 농후함으로 변화를 준

마요 소스

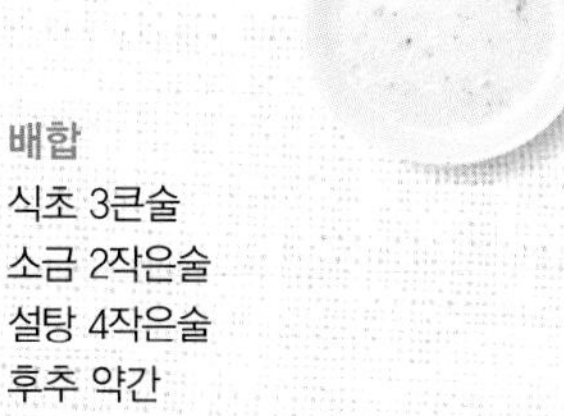

배합

식초 3큰술
소금 2작은술
설탕 4작은술
후추 약간
식용유 4.5큰술
마요네즈 2작은술

만드는 법

모든 재료를 위에 적힌 순서대로 넣으면서 섞는다. 간단한 불고기 양념과 구운 채소 소스 등에 사용하면 좋다.

상큼한 산미를 고기에 듬뿍 발라주는

레몬 무 소스

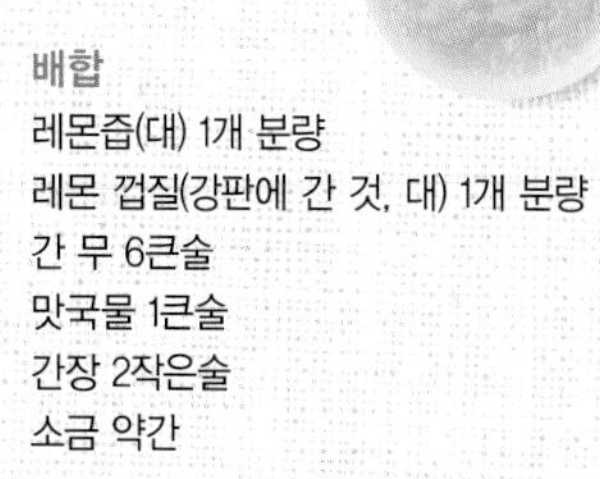

배합

레몬즙(대) 1개 분량
레몬 껍질(강판에 간 것, 대) 1개 분량
간 무 6큰술
맛국물 1큰술
간장 2작은술
소금 약간

만드는 법

모든 재료를 섞어준다. 양념에 잘 재워진 불고기를 깔끔하게 즐기고 싶을 때 찍어먹는다.

파와 참깨의 풍미로 산뜻한 맛

소금 파 소스

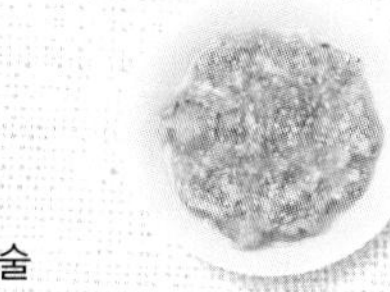

배합

다진 파 2큰술
소금 1.5작은술
으깬 참깨 1큰술
참기름 2큰술

만드는 법

파에 소금을 뿌려 버무린 후 다른 재료와 함께 약불에서 1분 정도 볶는다. 불고기에는 물론이고 채소 볶음에도 곁들이면 좋다.

아이들이 정말 좋아하는 맛

BBQ 소스

배합

우스터 소스 3큰술
토마토케첩 3큰술
양파즙 1큰술

만드는 법

모든 재료를 섞어 살짝 구운 고기와 버무린다.

튀김

가장 먹고 싶은 튀김 요리

튀김의 기본

배합(닭 다리 3개 분량)

밑간용 소스

- 생강즙 1큰술
- 간장 1/2큰술
- 소금 1/2작은술

튀김옷

- 달걀 1개, 밀가루 4큰술

메모

닭튀김은 밑간을 충분히 해서 튀기면 식어도 맛있게 먹을 수 있습니다. 밑간용 소스와 튀김옷 재료를 조금씩 바꿔주면 다양한 맛을 낼 수 있습니다. 겉은 바삭하고 속은 육즙이 가득한 닭튀김을 만들어 보세요.

기본 레시피

재료(4인분)

닭 다리 3개

위의 밑간용 소스

위의 튀김옷

튀김용 기름 적량

만드는 법

1 손질한 닭고기는 먹기 좋은 크기로 잘라 밑간용 소스의 간이 배이도록 20분간 재운다.

2 볼에 튀김옷 재료를 섞은 뒤 1의 재료를 넣고 골고루 묻힌다.

3 튀김용 기름을 200℃로 맞춰 2를 넣는다. 중불에서 8분 정도 튀긴 후 꺼내서 기름기를 뺀다.

스파이시를 넣어서 응용한

스파이시 튀김

배합(4인분)

밑간용 소스

- 소금 1작은술
- 육두구 1/3작은술
- 올스파이스 1/3작은술
- 칠리가루 1/3작은술
- 후추 약간

튀김옷

- 밀가루 4큰술, 소금 약간

만드는 법

기본 레시피와 같다. 만드는 법 1의 밑간용 소스와 만드는 법 2의 튀김옷만 바꿔서 넣는다.

담백하고 깔끔한 튀김

다쓰타(竜田) 튀김

배합(4인분)

밑간용 소스

- 미림 1큰술
- 간장 1큰술
- 소금, 전분가루 약간씩

튀김옷

- 전분가루 적량

만드는 법

기본 레시피의 만드는 법 2를 아래와 같이 바꾼다.

2 비닐봉지에 남은 밑간용 소스와 튀김옷 재료인 전분가루를 함께 넣고 흔들어 골고루 묻힌다.

마늘과 소금으로 맛낸 야무진 맛

소금 튀김

배합(4인분)

밑간용 소스 1

- 소금 1작은술
- 고춧가루 약간
- 후추 약간
- 참기름 1/2작은술

밑간용 소스 2

- 청주 2큰술
- 마늘즙 2작은술
- 생강즙 1/2작은술
- 강판에 간 사과 2작은술
- 소금 1/2작은술

튀김옷

- 전분가루 적량

만드는 법

밑간용 소스 1에 2시간, 밑간용 소스 2에 4시간 정도 재운 다음, 튀김옷을 뿌려서 기본 레시피 3과 같은 방법으로 튀긴다.

나고야(名古屋)의 명물 매콤달콤한

닭 날개 튀김

배합(4인분)

소스

- 간장 3큰술
- 설탕 1.5큰술
- 식초 1작은술
- 참깨 2~3큰술
- 고추기름, 후추 적량

만드는 법

소스를 섞는다. 닭 날개를 튀김옷을 입히지 않고 갈색이 돌 때까지 튀긴 후에 뜨거울 때 소스로 버무린다.

튀김옷

튀김의 튀김옷은 기본 재료인 달걀과 밀가루 이외의 재료를 사용해도 좋아요. 전분가루를 넣으면 바삭하고 가벼운 느낌으로 완성되며 질 좋은 햅쌀 가루나 쌀가루로 만든 튀김옷은 기름을 많이 먹지 않아 기름지지 않고 깔끔한 맛을 낼 수 있습니다.

쌀가루

전분가루

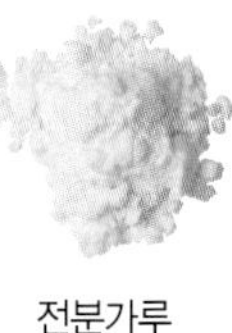
밀가루

담백한 두부에 맛국물로 감칠맛을 더한

두부 튀김의 기본

배합(두부 2모 분량)

맛간장

- 물 2/3컵
- 청주 2큰술
- 미림 2큰술
- 간장 2큰술
- 가쓰오부시 12g

메모

두부 튀김은 일식집이나 일본식 주점에서 인기 있는 메뉴 중 하나입니다. 집에서도 생각보다 간단하게 만들 수 있으니 다양한 버전으로 시도해보세요.

기본 레시피

재료(4인분)

부침용 두부 2모
위의 맛간장
밀가루, 전분가루 2큰술씩
무즙, 생강즙 적량씩
튀김용 기름 적량

만드는 법

1. 맛간장을 만든다. 가쓰오부시를 제외한 모든 재료를 냄비에 넣고, 끓어오르면 가쓰오부시를 넣는다. 다시 끓어오를 때 불을 끄고 건져 낸다.
2. 두부는 물기를 빼고 반으로 자른다.
3. 밀가루와 전분가루를 섞어 두부에 뿌려서 골고루 묻힌다. 170℃로 달군 기름에 넣고 바삭하게 튀긴 후 기름기를 뺀다.
4. 3을 그릇에 담고 무즙, 생강즙, 따듯하게 데운 맛간장을 뿌린다.

참깨로 맛을 더한

참깨 두부 튀김

배합(4인분)

맛간장

- 면 쓰유(시판) 1/2컵
- 물 3큰술
- 으깬 검은깨 2큰술

만드는 법

기본 레시피와 같은 방법으로 두부튀김을 만든 다음 모든 재료를 합친 맛간장을 끼얹는다. 맛간장은 채소에 끼얹어 먹어도 좋다.

맛간장으로

가지는 튀기면 단맛이 살아나는 채소예요. 여름에 가지를 튀겨 맛간장을 끼얹은 후 냉장고에 넣어 차갑게 해서 먹으면 맛있답니다. 참깨의 고소한 향과 맛이 더하면 식욕을 돋우는 일품요리가 됩니다.

모든 튀김에 곁들이는

튀김장

배합(만들기 편한 분량)

맛국물 1컵
간장 25ml
미림 25ml

만드는 법

모든 재료를 합쳐서 가열하다 끓어오르면 불을 끈다. 가쓰오부시를 한 번 더 넣어도 좋다.

단맛이 더해지면 밥과 더 잘 어울리는

덮밥용 튀김장

배합(만들기 편한 분량)

맛국물 1/3컵
간장 1/3컵
미림 1/3컵

만드는 법

모든 재료를 합쳐서 가열하다 끓어오르면 불을 끈다.

무침

나물에 촉촉하게 간을 한
나물 무침의 기본

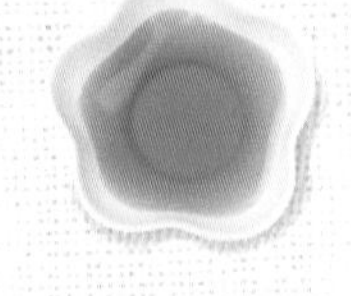

재료(4인분)
무침장
맛국물 1컵
간장 2큰술

메모
일년 사계절 먹을 수 있는 푸른 채소에는 건강에 가장 중요한 영양소가 많이 함유되어 있습니다. 무침장이나 소스가 있으면 나물 무침을 손쉽게 만들 수 있어요.

기본 레시피

시금치 1단
위의 배합 무침장

만드는 법
1. 시금치는 뜨거운 물에 살짝만 데쳐 찬물에 헹군 후 물기를 짜준다.
2. 무침장에 10분 정도 담가둔다.
3. 먹기 좋은 길이로 잘라서 그릇에 담는다.

식욕을 돋우는
매실 무침

배합
무침장
매실장아찌 2~3개
간장 2작은술
미림 1작은술
맛국물 1큰술

만드는 법
매실장아찌는 씨를 빼서 고운 체로 거른 다음 간장, 미림, 맛국물을 넣고 잘 풀어준다. 조개류나 파드득나물을 무칠 때 사용하면 좋다.

도시락 반찬에 좋은
김 무침

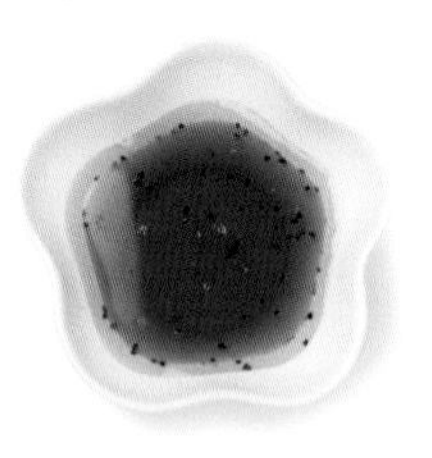

배합
무침장
가쓰오부시 간장(만드는 법은 아래 참고) 2큰술
식초 1큰술
식용유 1큰술
후추 약간
김 적량

만드는 법
모든 조미료를 섞어 잘게 찢은 김과 함께 무친다. 푸른 채소 이외에도 물에 담가 매운 맛을 없앤

향신료로 고급스러운 맛을 낸
고추냉이 무침

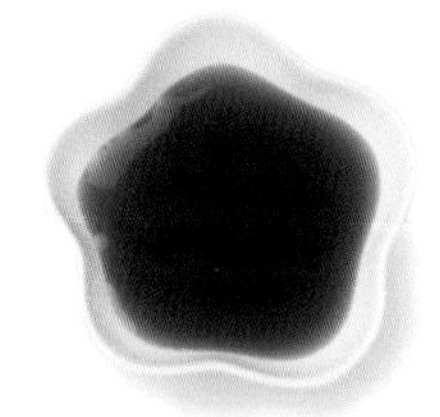

배합
무침장
연(練)고추냉이 1/4작은술
간장 1큰술
맛국물 1/4컵
미림 1/2작은술

만드는 법
연고추냉이를 간장에 푼 후 맛국물과 미림을 넣어 섞는다.

카레의 풍미가 맛의 포인트
카레 무침

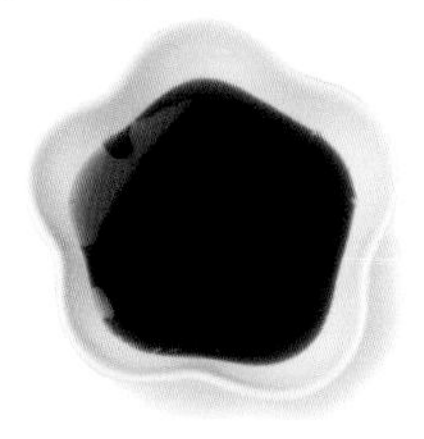

배합
무침장
간장 3큰술
설탕 2큰술
카레 가루 1작은술

만드는 법
모든 재료를 함께 섞는다. 감자나 단호박같이 간이 잘 배지 않는 채소는 뜨거울 때 무치면 좋다.

가쓰오부시 간장

재료(만들기 편한 분량)
국간장 2컵
미림 1컵
가쓰오부시 40g

만드는 법
1. 냄비에 국간장과 미림을 넣고 한 번 끓어오르면 가쓰오부시를 넣는다. 다시 한 번 끓어오를 때 불을 끈다.
2. 잠시 그대로 뒀다가 가쓰오부시가 가라앉으면 건져낸다. 남은 열기가 빠지면 보관 용기에 옮겨 담는다.

무침장을 바꿔 다른 분위기를 연출한다

무침은 재료와 잘 어울리는 조미료나 향신료가 있으면 맛을 내기 좋습니다. 미나리와 파드득나물 등 향이 강한 채소는 고추냉이 간장을 넣어서 무치고, 단호박이나 감자와 같이 단맛이 강하고 크기가 큰 채소는 카레 가루를 넣어주면 잘 어울려요.

홈메이드 간장 소스의 맛

계란밥의 기본

배합

달걀 1개
다시마 간장 적량

만드는 법

1 달걀을 푼다.
2 막 지은 밥을 그릇에 담고 다시마 간장을 둘러준 다음 섞는다. 1의 풀어놓은 달걀을 넣고 잘 섞어준다.

다시마 간장

재료

다시마(가로세로 10cm) 1장
미림 3큰술 약
간장 1컵

만드는 법

1 내열 용기에 미림을 넣고 랩을 씌우지 않은 채로 전자레인지에서 2분 정도 가열한다.
2 1이 뜨거울 때 간장과 다시마를 넣는다. 2~3시간 후에 다시마를 빼낸다.

소량의 참기름이 숨은 맛의 비결

가쓰오부시 참기름 간장

배합

달걀 1개
가쓰오부시 1팩
간장 적량
곱게 채 썬 파(잎 부분) 적량
참기름 약간

만드는 법

기본 레시피를 참고한다. 가쓰오부시, 곱게 채 썬 파, 참기름은 마지막에 넣는다.

가끔은 중화식으로

굴소스

배합

달걀 1개
굴소스 적량
간장 적량

만드는 법

기본 레시피를 참고한다. 굴소스는 간장을 넣을 때 넣는다.

달짝지근한 그리운 맛

설탕 간장

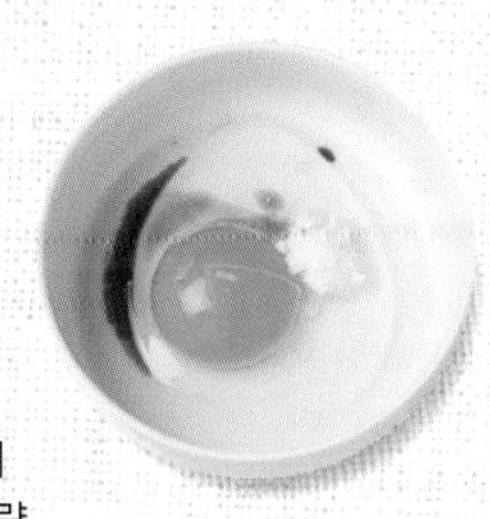

배합

달걀 1개
간장 적량
설탕 적량

만드는 법

기본 레시피를 참고한다. 설탕은 간장을 넣을 때 넣는다.

달걀과 된장의 환상궁합

파 된장 시치미

배합

달걀 1개
된장 적량
간장 적량
시치미(七味, 일본식 고춧가루) 적량
곱게 채 썬 파 적량

만드는 법

밥에 달걀과 된장를 섞어가며 먹는다. 도중에 간장, 시치미, 곱게 채 썬 파를 넣고 뜨거운 물을 부어 맛의 변화를 즐긴다.

향신료를 듬뿍 넣어 산뜻한 맛

향미 간장

배합

달걀 1개
간장 적량
생강즙 적량
곱게 채 썬 생강 1조각 분량
곱게 채 썬 양하 2개
곱게 채 썬 시소 5장

만드는 법

기본 레시피를 참고한다. 향신료는 마지막에 넣는다. 고추냉이를 넣으면 맛이 훨씬 산뜻해진다.

볶음

고운 색의 삼색 덮밥

소보로의 기본

배합(다진 고기 300g 분량)

소스

- 간장 3.5큰술
- 설탕 2.5큰술
- 청주 2큰술
- 미림 1큰술
- 생강즙 1/2작은술

메모

소보로는 고기가 저렴할 때 다져서 많이 만들어 두면 다른 요리에 편리하게 사용할 수 있습니다. 냉동 보관도 가능해요. 소보로의 기본에 들어가는 소스는 닭고기에 잘 어울립니다.

기본 레시피

재료(4인분)

닭고기(다진 것) 300g

위의 배합 소스

만드는 법

프라이팬에 생강즙을 제외한 모든 소스를 넣고 불을 켠다. 끓어오르면 다진 닭고기를 넣고 볶는다. 고기 색깔이 바뀌면 마무리로 생강즙을 넣고 보슬보슬한 상태가 될 때까지 볶아준다.

쇠고기로 만들면 좋은

중화식 소보로

배합

소스

- 생강즙 1/2작은술
- 설탕, 사오싱주 2큰술씩
- 간장 3큰술

식용유 적량

만드는 법

식용유로 다진 쇠고기를 볶는다. 고기 색깔이 변하면 소스를 넣고 보슬보슬한 상태가 될 때까지 볶아준다.

참치나 닭고기같이 담백한 재료에 어울리는

카레 맛 소보로

배합

소스

- 다진 마늘 1톨 분량
- 카레 가루 1큰술
- 소금 1작은술
- 청주 4큰술
- 간장 2큰술
- 식용유 적량

만드는 법

식용유로 참치나 다진 고기를 볶는다. 소스 재료인 마늘, 카레 가루, 소금을 넣고 다시 볶은 후 청주, 간장을 넣고 보슬보슬한 상태가 될 때까지 볶아준다.

해산물의 진미를 더한 아시아의 맛

에스닉 소보로

배합

소스

- 다진 마늘 2큰술
- 다진 건새우 4큰술
- 다진 파 1대 분량
- 청주, 피시 소스 4큰술씩

참기름 적량

만드는 법

참기름으로 다진 고기와 소스 재료인 마늘을 함께 볶는다. 고기 색깔이 변하면 건새우, 파의 순서로 넣고 볶은 다음 청주와 피시 소스도 넣어 보슬보슬한 상태가 될 때까지 볶아준다.

이탈리안 재료를 사용한 특별한 느낌의

마른 토마토 소보로

배합

소스

마른 토마토 2개 분량

설탕, 간장, 식초, 굴소스 1큰술씩

만드는 법

소스 재료인 마른 토마토를 잘게 썰어 조미료에 30분 정도 재워둔다. 식용유에 볶은 다진 고기에 드라이 토마토와 소스를 함께 넣는다. 보슬보슬한 상태가 될 때까지 볶아준다.

다양한 소보로

닭고기 이외에도 쇠고기나 돼지고기, 참치로 다양하게 응용해보세요. 볶음밥에 넣어주거나 삶은 채소에 곁들여도 좋습니다.

스태미너 중화요리
부추 간 볶음

배합

밑간
- 간장, 청주 2큰술씩

볶음장
- 굴소스, 청주, 된장 2큰술씩
- 간장, 설탕 2작은술씩
- 소금, 후추 약간씩

부추 간 볶음의 재료와 만드는 법

돼지 간 400g을 물로 씻어 얇게 편 썬 후 밑간을 해둔다. 부추 2단은 잘 씻어서 먹기 좋은 크기로 자른다. 식용유를 두른 프라이팬에 간을 먼저 볶아서 꺼내고, 부추와 숙주나물 1봉지를 넣고 볶는다. 볶아놓은 간과 볶음장을 넣고 섞어가며 볶는다. 취향에 따라 홍피망을 넣어도 좋다.

간장 맛 기본 스타일
일본식 부용해
(芙蓉蟹, 게살이 들어간 달걀부침)

배합

녹말 소스
- 물 1컵
- 설탕, 간장 2작은술씩
- 식초 1큰술
- 전분가루, 물 4작은술씩

만드는 법

물전분을 제외한 녹말 소스 재료를 끓인다. 마무리로 물전분을 넣어 걸쭉하게 만들면 완성.

일본식 부용해의 재료와 만드는 법

식용유를 두른 프라이팬에 곱게 채 썰어 불린 마른 표고버섯 3개, 채 썬 삶은 죽순 80g, 잘게 찢은 게살 140g, 다진 파 1대 분량을 같이 볶는다. 볼에 달걀 6개를 풀어 미리 볶아놓은 재료와 섞는다. 프라이팬에 양면을 구워 그릇에 담는다. 위에 적힌 배합으로 만든 녹말 소스를 듬뿍 끼얹는다.

적은 양념으로 아삭하게 볶은
피망 잡채(진자오로스)

배합

밑간
- 마늘즙 1작은술
- 후추 약간
- 간장 1큰술
- 전분가루 1/2큰술

볶음장
- 청주 1큰술
- 간장, 굴소스 1/2큰술씩

피망 잡채의 재료와 만드는 법

쇠고기 260g을 가늘게 썰어서 밑간을 한다. 피망 5개도 마찬가지로 가늘게 썬다. 식용유를 두른 프라이팬에 쇠고기를 넣고 볶는다. 쇠고기가 완전히 익으면 피망을 넣고 살짝 볶은 다음 볶음장을 넣어 섞어준다.

캐슈너트가 고소함을 더해주는
닭고기 캐슈너트 볶음

배합

밑간
- 간장 1작은술
- 청주, 소금, 후추 약간씩
- 달걀흰자, 전분가루 2큰술씩
- 식용유 1큰술

볶음장
- 간장, 물 2큰술씩
- 식초, 청주, 설탕 1큰술씩
- 물전분(전분가루 1작은술, 물 2작은술)

밑간도 간장

간장은 향을 살려서 고기와 생선 특유의 냄새를 억제하고 재료를 부드럽게 해주는 효과가 있습니다. 재료의 밑간에 간장을 사용하면 기름에 볶았을 때 맛있는 냄새가 납니다.

만드는 법

위의 피망 잡채 만드는 법을 참고한다. 쇠고기와 닭고기에 가늘게 채 썬 피망, 어슷 썬 파, 캐슈너트(cashew nut, 캐슈의 열매로 강낭콩 모양으로 생겼으며 보통은 구워서 그 알맹이만 먹는다)를 왼쪽의 밑간과 볶음장으로 만든다.

밥이 술술 들어가는

영양밥의 기본

배합(쌀 2홉 분량)

양념장

- 맛국물 1컵
- 청주 1.5큰술
- 간장 1.5작은술
- 소금 약간

메모

영양밥은 쌀과 재료를 함께 맛볼 수 있고 밥솥으로 간단히 만들 수 있어 편하면서도 맛있는 요리입니다.
기본 레시피를 응용해 다양하게 만들어 보세요. 제철재료를 이용한 영양밥은 손님상 차림메뉴로 최고랍니다.

기본 레시피

재료(4인분)

쌀 2홉
물 1컵
위의 배합 양념장
취향에 따라
- 닭고기, 표고버섯, 당근, 우엉, 연근, 곤약 등 적량씩

만드는 법

1 씻은 쌀을 밥솥에 안치고 물을 부어 밥을 짓는다.
2 재료는 먹기 좋은 크기로 잘라 양념장과 함께 2~3분 끓인다. 재료를 건져내고 남은 국물을 160ml만 이용한다.
3 계량한 2의 국물과 재료를 1에 넣고 밥을 짓는다.

죽순의 담백한 맛을 살린

죽순 영양밥

배합

양념장
- 맛국물 1/4컵
- 간장 2큰술
- 설탕 2큰술
- 소금 1/3작은술

재료

쌀 2홉
물 360ml
죽순(삶은 것) 200g
참기름 1큰술

만드는 법

1 쌀은 씻어서 체에 밭친다. 죽순은 5mm 두께로 은행잎썰기를 한다.
2 참기름을 두른 프라이팬에 죽순을 볶다가 양념장을 넣고 끓인다.
3 밥솥에 쌀과 분량의 물, 2를 넣고 밥을 짓는다.

꽁치의 풍미가 살아나는

꽁치 영양밥

배합(소금구이한 꽁치 2마리 분량)

양념장
- 맛국물 540ml
- 간장 3큰술
- 가늘게 채 썬 생강 40g

만드는 법

밥솥에 씻은 쌀 3홉과 양념장을 넣고 밥을 짓는다. 밥이 다 지어지면 꽁치를 살만 발라내서 밥에 섞는다. 잘게 썬 파를 뿌려주면 좋다.

맛있는

도미 영양밥

배합(소금구이해서 토막 낸 도미 200g 분량)

양념장
- 맛국물 540ml
- 국간장 1.5큰술
- 소금 1작은술
- 청주 3큰술
- 버터 15g

만드는 법

밥솥에 쌀 3홉과 도미, 양념장의 재료를 모두 넣고 밥을 짓는다. 다 지어지면 도미의 뼈와 껍질을 발라내고 살만 밥과 함께 섞는다.

생선을 넣은 영양밥

꽁치와 같이 등푸른생선을 넣어 만드는 영양밥은 생강과 간장으로 독특한 향을 살려줘야 합니다. 도미나 버섯과 같이 담백한 재료는 기름진 식재료를 넣어주면 훨씬 맛이 좋습니다. 버터나 유부 등으로 맛을 살려주세요.

고소한 간장이 식욕을 부르는

볶음밥의 기본

배합(밥 4공기 분량)

조미료

- 간장 2작은술
- 소금 적량
- 후추 적량

메모

볶음밥은 볶는 소리와 냄새만으로 충분히 맛있는 요리입니다. 냉장고에 남은 채소로 금방 만들 수 있어 더 좋아요. 가끔은 특이한 볶음밥에 도전해 다양한 식단을 만들어 보세요.

기본 레시피

재료(4인분)

밥 4공기 분량

취향에 따라

- 달걀, 표고버섯, 햄, 새우살, 다진 파, 완두콩 적량씩

위의 배합 조미료

식용유 적량

만드는 법

1. 취향에 맞춰 고른 재료 중 달걀, 파, 완두콩 이외는 먹기 좋은 크기로 자른다.
2. 식용유를 두른 프라이팬에 풀어놓은 달걀을 반숙 상태로 스크램블하여 꺼내놓는다.
3. 프라이팬에 파 이외의 재료와 밥을 볶다가 위의 배합 조미료를 넣고 볶는다. 다 볶아지면 프라이팬에서 꺼내놓는다.
4. 식용유를 두른 프라이팬에 파를 볶아 향을 낸다. 3을 다시 넣고 볶다가 2도 다시 넣고 함께 볶는다.

굴소스로 맛을 낸 중화식 요리

쇠고기 양상추 볶음밥

배합

밑간

- 소금 1/3작은술
- 후추 적량
- 사오싱주 적량

볶음장

국간장 1과 1/3큰술

굴소스 1큰술

만드는 법

밑간을 해둔 쇠고기 240g는 식용유에 볶는다. 기름을 두른 달군 중화팬에 달걀 4개, 밥 4공기 분량을 넣고 볶는다. 여기에 볶음장과 쇠고기를 넣고 잘 섞어가며 볶는다. 마지막으로 잘게 채 썬 양상추 1/6개 분량을 넣고 살짝만 볶는다.

청주로 풍미와 감칠맛을 낸

낫토 볶음밥

배합

조미료

- 청주 2큰술
- 간장 2큰술
- 소금 약간

만드는 법

기본 레시피의 1, 3, 4를 참고한다. 재료를 다진 돼지고기, 낫토로 바꿔서 조미료로 맛을 낸다.

재료에 맞춰서

오목 볶음밥의 양념은 간장만으로도 충분합니다. 단, 볶음밥 재료의 종류가 적을 때는 양념장에 들어가는 재료를 늘려주세요. 쇠고기 볶음밥에는 굴소스, 낫토 볶음밥에는 청주를 넣으면 잘 어울립니다.

동양과 서양이 만난 맛

파르메산 비빔밥

배합

파르메산치즈 3큰술

생고추냉이 1큰술

간장 적량

만드는 법

따뜻한 밥 4공기에 모든 재료를 넣어 섞는다.

약간 태운 고소한 간장의 향

간장 멸치 비빔밥

배합

식용유 2작은술

잔멸치 25g

간장 2큰술

만드는 법

잔멸치를 볶는다. 국물기가 없어질 때까지 조린다. 프라이팬 가장자리 쪽으로 간장을 넣어 막 지은 밥 4공기와 섞어준다.

면

진한 맛의

간토 우동 쓰유(맛간장)

배합(4인분)
맛국물 6컵
간장 1/4컵
미림 1/2컵
소금 약간

만드는 법
미림을 끓인 다음 맛국물과 간장을 넣고 다시 한 번 끓인다. 소금으로 간을 한다.

마른 표고버섯의 익숙한 풍미

소면 쓰유

배합(만들기 편한 분량)
마른 표고버섯 6개
마른 멸치 12마리
맛국물 4.5컵
간장, 미림 1컵씩
가쓰오부시 8g

만드는 법
마른 표고버섯, 머리와 내장을 제거한 마른 멸치를 맛국물에 넣어 3시간 동안 둔 다음 4컵 분량이 될 때까지 졸인다. 남은 조미료와 가쓰오부시를 넣고 다시 끓어오르면 불을 끄고 재료를 건져 식힌다.

간장과 맛국물 이야기

간장의 아미노산 감칠맛과 소금맛에, 가쓰오부시에 함유된 이노신산이 가미되면 맛이 훨씬 좋아진답니다. 간사이 우동 국물은 고등어포와 물치다랑어로 만든 물치가쓰오부시(물치가다랑어포) 등의 부드러운 혼합 국물에 국간장을 넣고 만듭니다. 간토의 메밀국수는 가쓰오부시나 고등어포 등의 진한 혼합 국물에 진간장을 넣어 만듭니다.

맑은 국물의

간사이 우동 쓰유

배합(4인분)
맛국물 6컵
국간장 3큰술
미림 3큰술
소금 약간

만드는 법
모든 재료를 넣고 한소끔 끓인다.

진한 맛국물

메밀국수 쓰유

배합(4인분)
맛국물 3컵
국간장 1/4컵
미림 1과1/3큰술
마른 멸치 15g
소금 약간

만드는 법
맛국물에 머리와 내장을 제거한 마른 멸치를 넣고 30분 정도 둔 후 약간 졸인다. 여기에 남은 조미료를 넣고 다시 한 번 끓인 다음 재료를 건져낸다.

가에시를 사용한 정통의 맛

판메밀국수 쓰유

배합(4인분)
맛국물 1.5컵
마른 멸치 8g
가에시(아래 설명 참고) 1/2컵
소금 약간

만드는 법
맛국물에 머리와 내장을 제거한 마른 멸치를 넣고 30분 정도 그대로 둔 후 약간만 졸인다. 가에시와 소금을 넣고 다시 끓어오르면 불을 끄고 재료를 건진다.

일본의 맛간장 숙성 원액 - '가에시' 란?

미림, 설탕, 그리고 간장을 섞은 후 한번 끓여서 졸인 것이 가에시입니다. 숙성시킨 후에 사용하면 조미료의 튀는 맛이 없어져서 부드러운 맛을 낼 수 있어요. 맛국물로 희석해서 판메밀국수를 찍어 먹는 양념장으로 사용해도 좋고 원액을 그대로 데리야키 소스나 계란말이에 간을 할 때 쓰기도 합니다.

여름에 먹는 시원한 맛

중화식 냉라멘의 기본

배합(4인분)
닭고기 육수 4큰술
식초 4큰술
간장 4큰술
설탕 2큰술
참기름 2큰술

만드는 법
모든 재료를 함께 섞는다.

참깨를 넣은 고소한 맛

참깨 소스 냉라멘

배합(4인분)
참깨페이스트(볶은 참깨를 기름이 나올 때까지 갈아 페이스트 상태로 만든 것) 4~5큰술
간장 2큰술
소금 1/2작은술
식초 2큰술
물 2큰술
화초가루 2작은술

만드는 법
모든 재료를 함께 섞는다.
※화초(花椒)는 중국산 산초이며 자극적인 매운 맛과 싱그러운 향이 특징인 향신료다. 시판용 가루분이 있다.

부드러운 맛의 국물

치킨 라멘 수프

배합(4인분)
닭고기 육수 8컵
간장 2작은술
소금 2작은술
후추 약간

특별한 맛의 홈메이드 수프

쇼유 라멘 수프

배합(4인분)
닭고기 육수 5컵
간장 3큰술
굴소스 1작은술
후추 적량
참기름 1작은술
잘게 썬 파 1대 분량

만드는 법
냄비에 닭고기 육수를 넣고 가열해서 끓어오르면 간장으로 간을 하고 남은 재료를 넣는다.

치킨 라멘

재료(4인분)
중화면 4인분
닭가슴살 2쪽
청경채 2개
파 20cm

A
청주, 전분가루 적량씩
소금, 후추 적량씩

치킨 라멘 수프(위의 배합 참고)
식용유 2큰술

만드는 법
1 닭고기는 채 썰어서 A를 뿌려놓는다. 청경채와 파는 가늘게 썬다.
2 식용유를 두른 팬에 닭고기, 청경채 순서로 볶아주고 수프를 넣는다.
수프가 끓어오르면 거품을 걷어내고 파를 넣는다.
3 중화면을 삶아서 3의 육수와 함께 그릇에 담는다.

닭 날개로 간단하게 만드는 닭고기 수프

쉽게 구할 수 있는 닭 날개로 홈메이드 수프를 만들면 아주 맛이 좋습니다. 닭 날개는 소금을 뿌려 10분 정도 둔 후 끓인 물을 끼얹어 잡냄새를 없애주세요. 닭 날개와 파, 생강을 물에 넣고 약불에서 가열합니다. 끓기 시작하면 5분 정도 더 끓여주고 불을 끕니다. 그 상태로 30분 정도 그대로 둡니다. 물 분량은 닭 날개 3개에 1컵이 적당합니다.

전골·나베

온 가족이 함께 전골 요리

스키야키의 기본

배합(4인분)

혼합장

간장, 물 1.5컵씩
설탕 3큰술
미림 3/4컵

메모

호화로운 식탁을 연상하게 하는 스키야키는 일본의 대표적인 요리로 만드는 법이 지역마다 다릅니다. 우리 집만의 스키야키 레시피로 가족 행사 때마다 만들어 즐겨보세요.

기본 레시피

재료(4인분)

쇠고기(스키야키용) 600g
실곤약 2봉지
두부(구운 것) 2모
파 4대
쑥갓 2줄기
달걀 적량
우지(牛脂) 적량
위의 배합 혼합장

만드는 법

1 실곤약은 먹기 편한 길이로 잘라 데쳐놓는다. 구운 두부는 한입 크기로 자르고 파는 어슷썰기, 쑥갓은 잎 부분만 따서 다듬어 놓는다.
2 전골용 냄비를 달군 뒤에 우지를 구워 기름을 만든다. 쇠고기를 넣고 양면을 살짝만 굽는다.
3 파를 넣고 혼합장을 붓는다. 실곤약, 구운 두부, 쑥갓을 넣는다. 재료가 익으면 잘 풀어놓은 달걀에 찍어 먹는다.

간토식 스키야키 혼합장

진한 맛의 스키야키

배합

간장, 물 1.5컵씩
설탕 3큰술
미림 3/4컵

만드는 법

모든 재료를 잘 섞어 한소끔 끓인다. 기본 레시피의 혼합장만 바꿔서 넣는다.

닭고기로 즐기는 담백한

닭 스키야키

배합

미림 2큰술
설탕 1큰술
간장 2.5큰술
물 1.2컵

만드는 법

모든 재료를 잘 섞어 한소끔 끓인다. 기본 레시피에서 고기는 닭고기로 바꾸고, 채소는 우엉, 양파, 쪽파로 바꿔서 넣는다.

자작자작 육수의

조림식 스키야키

배합

청주 2큰술
미림 2큰술
간장 2큰술
설탕 2큰술

만드는 법

적은 양의 진한 혼합장과 채소의 수분으로 익히는 타입이다. 타서 눌러 붙지 않도록 물을 넣어주면서 만든다.

알록달록, 다양한 재료로 화려하게

모듬 전골

배합

맛국물 10컵
국간장 3큰술
청주 3큰술
소금 1큰술

만드는 법

전골냄비에 맛국물을 넣고 약불로 데운 다음 간장, 청주, 소금을 넣어 조미한다.

간토는 끓이고 간사이는 굽는다

간토에서는 먼저 맛국물에 간장과 설탕 등의 조미료를 섞은 혼합장을 준비해서 끓여서 만듭니다. 간사이에서는 철제 냄비에 우지를 녹여서 고기를 굽고 설탕과 간장을 넣어 직접 간을 합니다. 고기 굽는 방식으로 만듭니다.

간 무를 곁들여서

모듬전골에 강판에 간 무를 듬뿍 넣어주면 미조레나베(진눈깨비 전골)가 됩니다. 깔끔한 맛과 갈아 넣은 무의 식감이 식욕을 불러일으킨답니다.

영양만점, 순한 풍미가 인기

낫토나베의 기본

배합(4인분)

전골장A
- 다시마 국물 4컵
- 흰 된장(시로미소) 4큰술
- 소금 3/4작은술
- 미림 1큰술

전골장B
- 두유 2컵

메모

두유를 손쉽게 구입할 수 있게 되면서 널리 알려진 전골입니다. 위에도 부담이 없고 영양이 꽉 찬 두유 전골은 먹은 후에도 개운해요.

기본 레시피

재료

- 좋아하는 재료
- 생연어, 배추, 쑥갓, 숙주나물, 두부, 실곤약 등 적량씩

위의 배합 전골장A, 전골장B

만드는 법

1. 좋아하는 재료를 선택하여 먹기 좋은 크기로 자른다.
2. 전골냄비에 전골장A를 넣고 데운 다음 잘 익지 않는 재료부터 순서대로 넣어 익힌다.
3. 재료가 익으면 전골장B를 넣고 한소끔 끓인 후 먹는다.

태국 피시 소스로 맛을 낸

아시아 곱창 전골

배합

닭고기 육수 8컵
청주 1컵
피시 소스 8큰술
굴소스 4큰술
설탕 4큰술
참기름 4작은술

만드는 법

전골냄비에 닭고기 육수와 청주를 넣고 한소끔 끓으면 다른 조미료를 넣어 맛을 낸다. 곱창은 밑처리를 해서 특유의 냄새를 제거한 후 넣는다.

청경채를 넣은 중화요리

차이니즈 전골

배합

닭고기 육수 6~7컵
청주 1/3컵
설탕 1/2큰술
간장 3~4큰술

만드는 법

모든 재료를 잘 섞어 3분 정도 끓인다.

자꾸 먹고 싶은 매콤한

김치찌개 전골

배합

김치 250g
고추장 2큰술
청주 2큰술
간장 2큰술
참기름 2큰술
미림 1큰술
다진 마늘 1큰술
닭고기 육수 2컵

만드는 법

닭고기 육수와 잘 익지 않는 재료를 전골냄비에 넣고 한소끔 끓인 후 나머지 조미료를 넣는다.

생강과 마늘로 몸속까지 따끈따끈

맑은 찌개 전골

배합

청주 4큰술
생강즙, 마늘즙 3큰술씩
유자 껍질 약간
소금 2작은술
닭고기 육수 2컵

만드는 법

닭고기 육수, 청주, 잘 익지 않는 재료를 전골냄비에 넣고 한소끔 끓인 후 나머지 조미료를 넣는다.

두유 전골

두유 전골의 전골장은 두유와 맛국물만으로도 깔끔하고 맛있어요. 두유와 맛국물을 3:2로 넣고 데운 다음 우선은 표면에 생긴 엷은 막인 두부껍질(湯葉, 유바)을 먼저 먹습니다. 그런 다음 다른 재료를 넣어 살짝 익혀서 폰스에 찍어 먹습니다.
두유 전골에 들어갈 재료는 돼지고기, 무, 당근 등 향이 특별하지 않은 재료가 좋아요. 무와 당근은 결을 따라 필러로 얇게 벗겨내서 넣으면 삶아도 잘 으깨지지 않고 씹는 맛도 좋답니다.

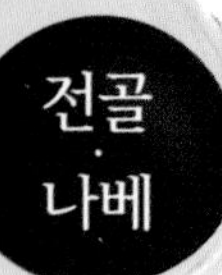

전골·나베를 찍어먹는 소스

심플한 국물을 사용하는 전골은 찍어먹는 장에 변화를 주면 다양한 맛을 즐길 수 있습니다. 간장, 식초, 다양한 오일, 양념, 향신료의 맛이 잘 어우러지게 혼합해서 자신만의 소스를 만들어 두면 좋아요.

샤브샤브를 더 맛있게 즐기는

기본 간장 소스

배합(4인분)

간장 1컵
청주 1/2컵
사과(강판에 간 것) 1개 분량
생강즙 1작은술 분량
마늘즙 4작은술
다진 파 1대 분량

만드는 법

모든 재료를 잘 섞는다.

에스닉 전골에 잘 어울리는

스파이스 소스

배합(만들기 편한 분량)

통쿠민(Cumin Whole) 1큰술
화초가루 1큰술
참기름 3큰술 약
간장 1/2컵
식초 1/4컵

만드는 법

프라이팬에 참기름, 쿠민, 화초가루를 넣고 약불에서 끓인다. 거품이 일기 시작하면 불을 끄고 간장과 식초를 넣고 섞는다.

개운한 맛에 채소도 맛있는

중화 소스

배합(4인분)

간장 5큰술
굴소스 5큰술
치킨파우더 1큰술
식초 1큰술
참기름 1큰술
으깬 참깨 2큰술
두반장 1작은술
생강즙 1/2작은술
마늘즙 1/2작은술

만드는 법

모든 재료를 잘 섞는다.

기름진 재료도 산뜻하게 만들어 주는

토마토 식초소스

배합(만들기 편한 분량)

다진 양파 1/2큰술
식초 4큰술
토마토(대) 2개
소금 적량
유자후추 적량

만드는 법

볼에 양파를 넣고 식초를 뿌린다. 뜨거운 물로 껍질을 벗겨 적당한 크기로 자른 토마토, 소금, 유자후추를 넣고 잘 섞는다.

일본식 맛

마늘 간장 소스

배합(만들기 편한 분량)

도사(土佐) 간장(만드는 법 35쪽 참고) 1/4컵
마늘즙 1/2작은술

만드는 법

모든 재료를 잘 섞는다.

모든 전골에 어울리는 깊은 맛과 고소한 향

참깨 소스

배합(만들기 편한 분량)

참깨페이스트 1/3컵
국간장 2.5큰술
미림 2큰술
식초 1/4컵
첫 번째 맛국물 1/4컵

만드는 법

끓인 맛국물에 다른 재료를 조금씩 넣어가면서 잘 섞는다.

듬뿍 찍어 먹어도 개운한 뒷맛

후추 레몬소스

배합(만들기 편한 분량)

레몬 2개
굵은 후추 1작은술
소금 1/2작은술

만드는 법

그릇에 소금과 후추를 담은 다음 레몬을 짜서 즙을 넣고 섞는다.

시판 소스를 응용한

칠리 소스

배합(4인분)

스위트 칠리 소스 3큰술
피시 소스 1.5큰술
레몬즙 1.5큰술

만드는 법

모든 재료를 잘 섞는다.

해산물에 잘 어울리는

도사 간장

배합

간장 1컵
맛국물 1/2컵
청주 1큰술 강
다시마 약간
가쓰오부시 약간

만드는 법

모든 재료를 잘 섞어 한 번 끓여주고 건더기는 꺼내서 식힌다.

등푸른생선에 잘 어울리는

매실장아찌 간장

배합

다진 매실장아찌 2큰술
다마리간장 1과 2/3큰술
간장 1큰술
미림 1큰술
맛국물 1큰술

만드는 법

간장, 미림, 맛국물을 냄비에 넣고 한소끔 끓인 후 식힌다. 다진 매실장아찌와 다마리간장을 넣어 섞는다.

조개 매실장아찌 간장

배합

다진 매실장아찌 2큰술
사과(강판에 간 것) 1큰술
간장 1과 2/3큰술
식초 2작은술

만드는 법

매실장아찌와 사과를 갈아서 조미료와 함께 섞는다.

회

싱그러운 풍미의

흰살생선회 간장

배합

스다치즙 3큰술
간장 3큰술

만드는 법

모든 재료를 잘 섞는다.

생선 비린내를 줄여주는

연겨자 간장

배합

간장 4큰술
맛국물 2큰술
연겨자 2작은술

만드는 법

모든 재료를 잘 섞는다.

참치의 붉은살을 재워두는

재움 간장

배합

간장 4큰술
미림(끓여서 알코올을 날린 것) 4큰술

만드는 법

모든 재료를 잘 섞는다.

생선회 간장

시판하는 생선회 간장은 간장에 풍미가 강한 다마리간장이나 재담금간장을 섞은 것입니다.
가정에서 재움 간장을 만들 때는 우선 도사 간장을 만들어야 한다. 맛국물의 감칠맛이 더해져 모든 해산물에 잘 어울려요.

도사 간장: 모든 해산물

스다치 간장: 담백한 흰살생선의 섬세한 풍미를 살려줍니다.

매실장아찌 간장1: 비린내가 나는 등푸른생선를 재울 때 사용해요.

매실장아찌 간장2: 달콤한 타입은 문어나 조개류에 어울립니다. 맛이 부드럽습니다.

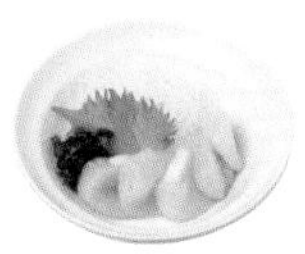

폰스

여러 재료를 섞어서 만듭니다.

감귤 이야기

등자나 스다치 등 여러 종류의 감귤류 과즙을 넣어야 맛있는 폰스를 만들 수 있습니다. 조미료를 섞어서 잘 숙성시키면 부드러운 맛이 납니다.

폰스는 그냥 소스가 아니에요~

감귤류의 과즙에 맛국물과 간장을 넣은 조미료가 폰스입니다. 폰스는 네덜란드어가 어원으로 오렌지 과즙을 사용한 음료 '폰스'가 유래라고 합니다. 지금은 일본에서 애용하는 조미료이며 간장 맛 이외에도 '소금 폰스', '토마토 폰스' 등이 제품으로 만들어졌습니다. 시판 제품도 맛있지만 직접 만들면 더 특별한 맛이 나요. 담백한 전골 요리에 곁들이기 좋은 수제 폰스를 만들어 보면 어떨까요?

또한 전골이나 샤브샤브를 찍어 먹는 용도 이외에도 구이나 볶음밥에도 활용할 수 있습니다. 케첩과 1:1로 섞어 설탕으로 단맛을 내주면 탕수육 소스로도 변신합니다. 마카로니 샐러드 같은 마요네즈 계열의 요리에 넣으면 뒷맛이 깔끔해집니다.

마리네 구이

닭고기를 폰스와 마멀레이드를 1:1로 섞은 소스에 재웠다가 오븐에 구우면 세련된 그릴요리로 변신해요.

볶음밥

볶음밥의 간으로 사용해도 좋아요. 마지막에 넣는 간장을 폰스로 바꿔주면 산뜻한 맛의 볶음밥이 완성됩니다.

직접 만든 최고의 맛

폰스의 기본

배합(만들기 편한 분량)
과즙 1/2컵 약
현미 식초 1/4컵
간장 1컵
미림 2큰술
청주 2큰술
다시마(가로세로 5cm) 2장
가쓰오부시 가루 6g

기본 레시피

만드는 법
1 미림과 청주를 끓여서 알코올 성분을 날린다.
2 밀폐용기에 과즙, 현미 식초, 간장 그리고 1을 넣어 섞은 후 다시마, 가쓰오부시를 넣고 용기를 닫는다.
3 냉장고에 넣고 이틀 후에 다시마와 가쓰오부시 가루를 건진 다음 병이나 보관용기에 옮겨 담아 보관한다. 1~2주 정도 지난 후에 사용한다.

시치미
전골 요리에 빼놓을 수 없는 폰스에 시치미를 넣으면 맛이 업그레이드 돼요.

고춧가루로 매콤하게
코리안 폰스

배합(4인분)
간장 4큰술
식초 2큰술
유자즙 1개 분량
미림 1/2작은술
으깬 참깨 2작은술
고춧가루 2작은술

만드는 법
모든 재료를 잘 섞는다.

감귤의 풍미가 더욱 살아나는
소금 폰스

배합(만들기 편한 분량)
감귤류 과즙 80ml
현미 식초 50ml
소금 2작은술
미림 1큰술
청주 2큰술
벌꿀 1/2큰술
맛국물 1컵

만드는 법
1 미림과 청주를 끓여 알코올 성분을 날린다. 여기에 맛국물을 넣고 가열한다. 어느 정도 데워지면 소금, 벌꿀을 넣고 완전히 녹으면 불을 끈다.
2 감귤류 과즙과 현미 식초를 넣고 섞은 후 식으면 병이나 보관 용기에 옮긴다. 냉장고에 넣고 하루가 지난 후에 사용한다.

오렌지로 만든 뜻밖의 감칠맛!
오렌지 폰스

배합(만들기 편한 분량)
간장 90ml
식초 60ml
오렌지 과즙(귤도 가능) 2큰술
참기름 1큰술

만드는 법
모든 재료를 잘 섞는다.

폰스 응용

고추냉이
감자칩을 고추냉이 폰스에 찍어서 먹어도 맛있다.

유자후추
군만두를 찍어먹으면 맛이 좋다.

소금

원료와 제법 이야기

원료의 근원을 거슬러 가면 바닷물이지만 원료를 해수, 해염, 암염, 호염(湖鹽) 이렇게 크게 네 가지로 나눌 수 있습니다. 제법에 따라 천일제염, 전오제염(煎熬製鹽), 암염 이렇게 세 가지로 나눕니다.

건강 이야기

개인차는 있지만 염분과 고혈압의 관계는 이미 잘 알려져 있습니다. 세계보건기구(WHO)의 나트륨 일일권장량은 2000㎎ 으로 소금으로는 5g에 해당하는 양입니다.

해수의 염분 농도는 약 3%입니다. 물 1컵에 소금 1작은술을 넣은 정도의 농도입니다.

소중한 조미료

땀과 눈물이 짠 것은 몸이 염분을 포함하고 있어서예요. 염분은 체내의 소화를 돕고 세포의 건강을 유지하며 수분량을 일정하게 유지하는 등 중요한 역할을 합니다. 조미료 중에서 인체에 꼭 필요한 것이 소금이라고 해도 과언이 아닙니다.

심플한 조미료지만 맛을 보면 종류에 따라 미묘한 차이를 느끼고 소금의 세계가 폭넓다는 것을 알게 됩니다. 매일 식사를 통해 맛있고 건강하게, 적당한 양의 염분을 섭취하세요.

옛날 방식의 제법이 인기

일본에서는 옛날부터 해수를 끓여 소금을 만들었습니다. 쇼와시대(昭和時代, 1926–1989)에 들어서면서 장소와 기후에 영향을 받지 않는 대량제조법이 개발되었지만 이 때문에 '소금 = 염화나트륨 = 무미(無味)한 짠맛'이라는 인식이 생겼습니다.

옛날 방식으로 만들면 부드러운 단맛과 감칠맛, 촉촉한 촉감이 있지만 요즘은 고대 제법이었던 조염법(藻鹽法, 해초를 구워 건조시켜 만드는 방법)이나 천일제조법을 원하는 사람들이 늘면 다양한 소금이 시판되기 시작했습니다.

더불어 세계에서 사용하는 소금의 2/3 이상이 암염을 원료로 합니다. 암염은 일본의 소금보다 짠맛과 매운맛이 강해 잘 녹지 않으며 단단합니다.

소금

거의 순수한 염화나트륨에 가깝게 단일화한 맛으로 가정에서 일반적으로 쓰입니다.

추천요리
모든 요리

정제염

소금보다 질감이 보송보송해요. 물에 잘 녹아 사용하기 편해서 조리에 전반적으로 사용합니다.

추천요리
모든 요리

천일염

가열하지 않고, 햇빛에 말려서 결정을 만든 자연 소금입니다.

추천요리
채소나 생선요리

암염

지층에 포함되어있던 식염의 결정으로 유럽에서는 일반적으로 사용하는 소금입니다.

추천요리
고기요리

굵은 소금

미네랄이 풍부한 거친 알갱이의 정제하지 않은 소금입니다. 식재료를 절일 때 사용하며, 재료를 부드럽게 합니다.

추천요리
절임, 제빵

고르는 법과 종류

보송보송, 촉촉, 오톨도톨……. 형태가 다양한 소금. 너무 많이 넣는 것은 금물입니다. 양을 잘 조절해서 사용하세요.

정화작용의 힘

인류가 소금을 사용하게 된 것은 농경을 시작하면서부터라고 합니다. 주로 육식동물을 통해 소금을 섭취하다가 주식이 쌀이나 식물로 바뀌면서 몸에 소금 부족현상이 일어난 것이 원인이라고 합니다.

일본에서는 약 3,000년 전 조몬시대(縄文時代) 말기부터 사용했다고 추정합니다. 소금은 식용뿐만이 아니라 신성한 물질로 소중히 여겨져 장례 의식에 다녀오면 몸에 뿌리거나 스모 시합 전에 모래판에 뿌리고, 제단에 올리는 등 정화작용을 의미하는 풍습으로도 사용합니다.

음식에 관한 단어 중에 샐러드(salad), 소스(sauce), 소시지(sausage), 살라미(salami)가 소금(salt)에서 유래되었다고 합니다.

사용법

주로 재료의 밑손질용으로 사용합니다. 조미료로 사용할 때는 '설탕, 소금, 식초, 간장, 된장'의 순서대로 두 번째로 넣어주세요. 양을 조금씩 넣어가면서 조절합니다.

조리 효과

- 부패를 방지해 절임 요리에 사용합니다.

- 수분을 제거하는 효과가 있어 생선과 고기의 밑처리로 사용해요.
- 엽록소를 안정시켜 녹색 채소를 데칠 때 사용합니다.
- 단맛을 돋울 때. 팥소에 조금 넣어주세요.
- 글루텐의 끈기를 증가시켜 빵이나 국수 만들 때 사용합니다.

보관방법

습기를 흡수해서 잘 굳기 때문에 밀폐용기에 건조제와 함께 보관합니다. 딱딱하게 굳어지면 기름 없이 약한 불로 볶아 구운 소금을 만들어 사용해도 좋아요.

플레이버 소금

친근한 허브나 향신료, 그리고 식재료와 섞으면 완성. 굽거나 찌기만 한 채소, 생선, 고기에 뿌리거나 항상 마시는 주스 컵의 가장자리에 발라서도 먹습니다. 다양한 방법으로 이용해보세요.

돼지고기구이와 채소찜에

계피 후추 소금

배합

계피(가루) 1작은술
후추 1/4작은술
소금 3큰술

만드는 법

모든 재료를 잘 섞는다.

채소조림과 생선구이에

타임 참깨 소금

배합

참깨 1작은술
타임(건조 혹은 생잎) 2작은술
소금 3큰술

만드는 법

참깨와 타임을 절구에 넣고 살짝 으깬 후 소금을 넣고 잘 섞는다.

카레나 냉두부에

고수 소금

배합

고수잎 6장
소금 3큰술

만드는 법

1cm 정도로 자른 고수를 절구에 넣고 살짝 으깬 후 소금을 넣고 잘 섞는다.

갈아 놓은 무와 튀김 요리에

생강 소금

배합

소금 적량
생강가루 적량

만드는 법

프라이팬으로 소금을 볶는다. 다른 프라이팬에 생강가루를 넣고 가볍게 볶는다. 절구에 두 재료를 모두 넣고 섞어가면서 으깬다.

감자튀김이나 토스트에 뿌리는

쿠민 레몬 소금

배합

쿠민 씨앗 1작은술
레몬껍질(강판에 간 것) 1작은술
소금 3큰술

만드는 법

쿠민 씨앗을 절구에서 살짝 으깬다. 여기에 강판에 간 레몬껍질과 소금을 넣고 잘 섞는다.

필라프와 요구르트 샐러드에

강황 마늘 소금

배합

마늘즙 1큰술
강황 2작은술
소금 3큰술

만드는 법

모든 재료를 잘 섞는다.

파스타와 채소구이에

페페론치노 소금

배합

홍고추 1/4작은술
마늘즙 1큰술
소금 3큰술

만드는 법

홍고추와 마늘즙을 절구에 넣고 으깬 다음 소금을 넣고 잘 섞는다.

에스닉 요리, 베트남 쌀국수에

민트 소금

배합

민트 1/2컵
소금 3큰술

만드는 법

민트를 절구에 넣고 살짝 으깬 후 소금을 넣고 잘 섞는다.

흰살생선 튀김에

말차 소금

배합

소금 3큰술
말차(抹茶) 1큰술

만드는 법

소금을 볶아서 갈아 가루로 만든 다음 말차를 넣고 함께 간다.

닭튀김에

유자 소금

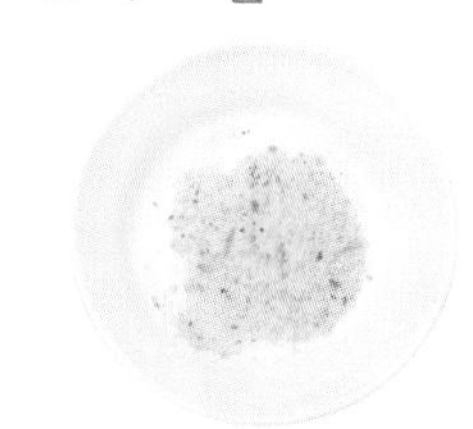

배합

소금 3큰술
유자가루 1/2작은술
고춧가루 1/2작은술

만드는 법

소금을 볶아서 갈아 가루로 만든 후 유자가루와 고춧가루를 넣고 함께 간다.

유자 말리는 법

만드는 법

1 유자(2개)는 반으로 잘라 내용물을 파낸다. 껍질은 4등분으로 잘라 채 썬다.
2 소쿠리에 펼쳐서 햇빛에 말린다.
3 바삭해질 때까지 말린다.
4 가루로 만들고 건조제와 함께 밀폐용기에 넣어 보관한다.

가장 기본적인 조합

참깨 소금

배합

소금 3큰술
검은깨 1큰술

만드는 법

소금을 볶아서 갈아 가루로 만든 후 검은깨와 섞는다.

민물고기를 굽거나 튀길 때

산초 소금

배합

소금 3큰술
산초가루 1큰술

만드는 법

소금을 볶아서 갈아 가루로 만든 다음 산초가루를 넣고 함께 간다. 소금과 산초가루는 같은 양으로 만들어도 된다.

시소의 독특한 풍미로 주먹밥을

시소 소금

배합

소금 3큰술
시소(건조) 1큰술

만드는 법

시소는 바삭바삭해질 때까지 건조시킨다. 프라이팬에서 소금을 볶는다. 절구에 둘을 함께 넣고 으깨면서 간다.

지방이 많은 생선회와 튀김에

시치미 소금

배합

소금 3큰술
시치미 1/2작은술

만드는 법

소금을 볶아 갈아서 가루로 만든 다음 시치미를 함께 섞어준다.

바닐라 아이스크림이나 닭찜에

홍차 소금

배합

자연염 3큰술
홍차잎 1큰술

만드는 법

프라이팬에 소금을 볶는다. 다른 프라이팬에 홍차잎을 살짝 볶는다. 절구에 함께 넣고 으깨가면서 섞어준다.

소금으로 만드는 보존식품

소금을 치면 식재료의 수분이 빠져나오면서 맛이 응축됩니다. 또한 보존성도 높아지므로 평소보다 많은 양을 샀을 때는 소금을 이용해 오래 보존하면 좋아요. 바로 소금을 뿌려 냉장하면 다음날부터 다른 식감을 즐길 수 있다.

염장방어

다듬어서 소금을 뿌려줄 때는 살 쪽만이 아닌 껍질 쪽도 꼼꼼히 뿌려주세요. 방어 특유의 비린내를 제거해 더욱 맛있어집니다. 소금을 뿌린 다음날부터 먹을 수 있고 냉장고에서 3~4일까지 두고 먹을 수 있습니다. 청주를 조금 넣고 씻으면 구워도 맛있고, 응축된 맛을 살리려면 조림이나 전골을 만들어도 좋아요.

보존식품을 만들 때 소금을 사용하는 이유

소금은 세균의 증식을 억제하는 효과가 있어 오래전부터 보존식품을 만들 때 사용해왔습니다. 보존식품을 만들 때는 식재료 전체에 소금이 골고루 닿도록 하는 것이 중요합니다. 재료에 잘 붙는 고운 소금을 고르고, 만일 보송한 타입을 사용할 때는 약간 적셔서 잘 붙도록 해서 사용하세요.

염장버섯

큼직하게 찢은 버섯을 살짝 데쳐서 소금에 절입니다. 냉장고에서 약 1주일 동안 보관할 수 있으며, 맛이 응축되어 쫄깃한 탄력감이 생겨 맛있게 먹을 수 있어요. 파스타에 넣거나 배어 나온 국물은 국이나 탕에 활용해보세요.

염장돼지고기

돼지고기는 사온 날 바로 소금을 뿌려 주세요. 시간이 지날수록 고기의 맛이 응축되며, 냉장고에서 5일 정도까지 보존할 수 있습니다. 2일째까지는 고기 본래의 맛이 바뀌지 않으므로 구이를 만들면 좋아요. 3일째부터는 맛이 진해져서 풍미에도 변화가 생기므로 파스타에 넣거나 볶아서 먹고, 4일째 이후는 삶아 먹는 것을 권합니다. 숙성된 고기가 맛있는 국물을 만들어 주므로 요리에 활용해보세요.

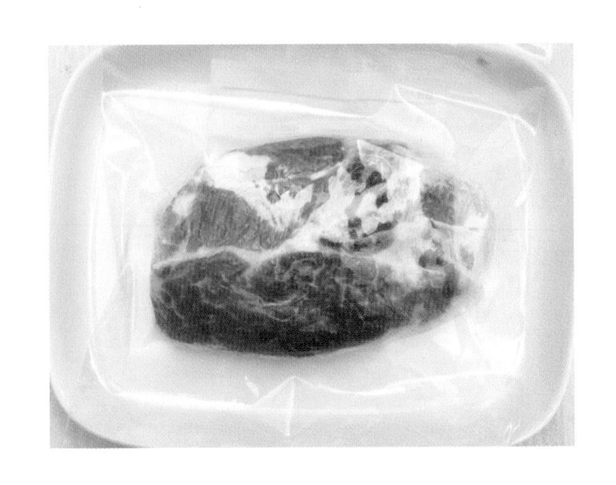

식초

Vinegar

식초

일본의 식초

식초는 과일과 곡물을 원료로 만듭니다. 세계 각국에 다양한 식초가 있지만, 벼농사를 주로 하는 일본에서는 오래전부터 쌀을 원료로 한 식초가 만들어졌습니다.

쌀 이야기

멥쌀은 쌀 식초와 곡물 식초, 현미는 현미 식초와 흑초의 원료입니다. 흑초의 검은색은 식초의 아미노산이 숙성되어 변화한 것입니다.

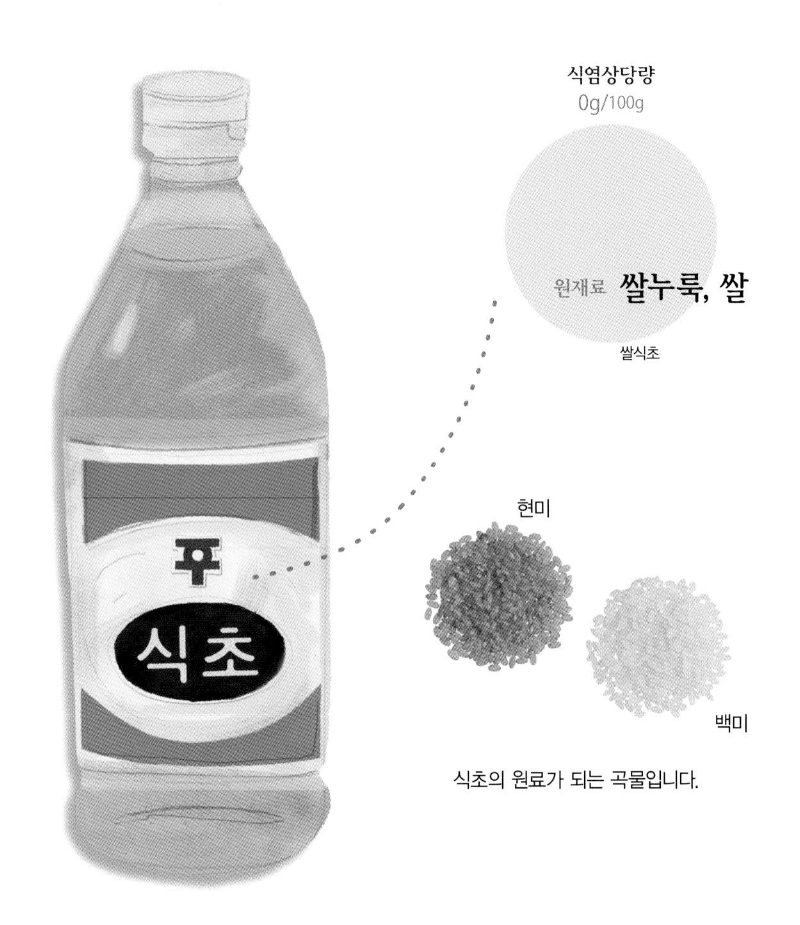

식초의 원료가 되는 곡물입니다.

신맛만이 전부가 아니다!

일본의 대표적인 음식인 초밥(寿司)은 어원이 식초(酢し, 스시)에서 왔다는 설이 있습니다. 초밥의 맛은 식초로 간을 한 밥이 결정하는 것처럼 식초의 역할은 중요합니다.

일본에서는 현미 식초, 곡물 식초, 흑초 등을 용도에 따라 구분해서 사용합니다. 초밥용 식초, 이배초(같은 양의 식초와 간장을 섞어서 만든 초간장), 삼배초(같은 양의 식초, 간장, 미림을 섞어서 만든 조미료), 드레싱 등 다양하게 이용합니다.

종류나 사용법은 조금씩 다르지만 식초의 풍미로 요리의 맛이 깔끔하고 산뜻해지며 피로회복, 식욕증진의 효과가 있습니다. 또한 산미만이 아니라 진미와 감칠맛도 있어서 다른 조미료나 재료의 맛을 살려주는 역할도 합니다.

술의 종류 = 식초의 종류!

식초는 인간이 만든 가장 오래된 조미료라고 합니다. 간단하게 설명하자면, 술을 발효한 것으로 원료가 되는 곡물이나 과일의 당분을 알코올 성분으로 바꾸고 그 알코올 성분에 에탄올을 산화시키는 초산균(아세트산균)을 넣어 발효한 것이 식초입니다. 다시 말해서 '술의 종류 = 식초의 종류'라고 할 수 있습니다. 이는 곧 세계에는 몇 천 종류의 식초가 있다는 이야기가 됩니다. 예를 들어 와인 산지라면 와인 비네거(식초), 맥주가 인기 있는 독일은 몰트 비네거, 중국에는 찹쌀로 만든 사오싱주가 있습니다.

곡물 식초

보리, 대보리, 옥수수 등이 원료로 특별한 향이 없어 폭넓게 쓰입니다.

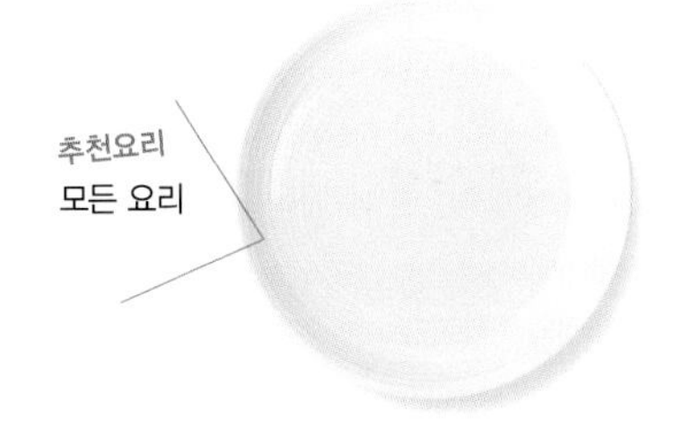

추천요리
모든 요리

사과 식초

사과 과즙을 알코올 발효시켜서 만듭니다. 고소한 단맛과 향기를 지닙니다. 마리네나 드레싱에도 어울려요.

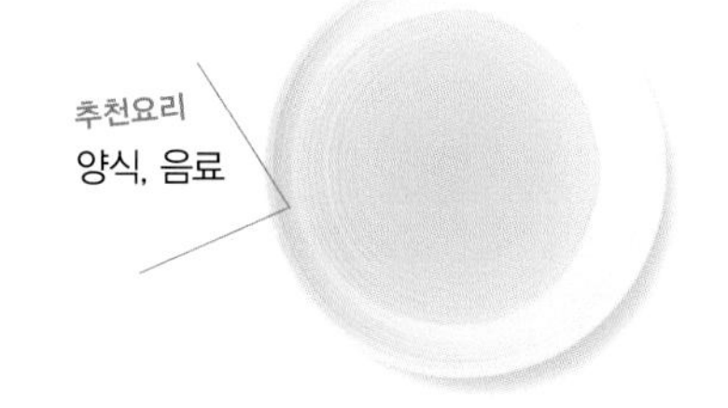

추천요리
양식, 음료

쌀 식초

쌀이 원료로 신맛, 단맛, 감칠맛과 깊이가 있습니다. 일본 요리 전반에 사용합니다. 조림에 사용해도 좋아요.

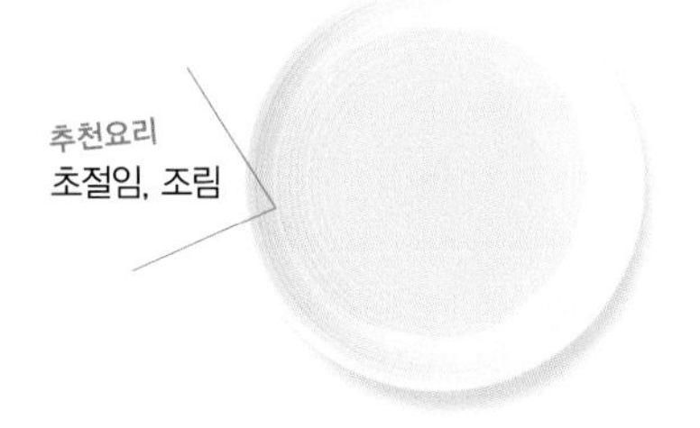

추천요리
초절임, 조림

발사믹 식초

장기간 숙성한 와인을 원료로 한 이탈리아만의 독특한 식초로 맛이 풍부하고 깊이가 있어요.

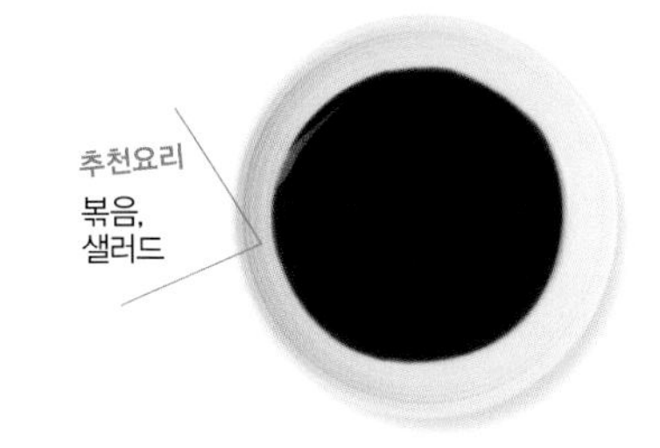

추천요리
볶음,
샐러드

흑초

원료는 현미(일부는 보리)로 맛이 진하고 간장과 잘 어울려요. 중화요리에 사용합니다.

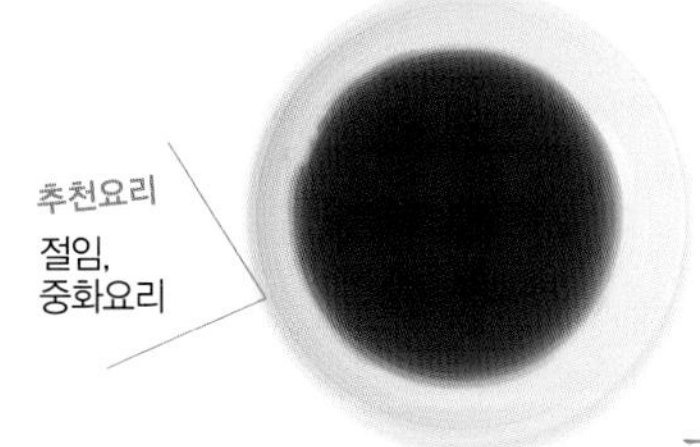

추천요리
절임,
중화요리

와인 비네거

포도 과즙을 알코올 발효시켜 만듭니다. 응축된 산미를 맛볼 수 있으며 적색과 흰색이 있어요.

추천요리
샐러드,
마리네

고르는 법과 종류

양조 식초는 원료에 따라 종류가 다양하며 각각의 특성이 다릅니다. 과실초와 함께 요리에 어울리는 식초를 사용하세요.

클레오파트라가 즐겨 마셨다?

대략 기원전 5,000년 경, 고대 바빌로니아에서 대추야자, 건포도로 식초를 만들었다는 설이 남아있습니다. 이집트의 클레오파트라가 미모를 유지하기 위해서 즐겨 마셨다고 전해지며 노화방지를 부르짖는 현대사회에서 생활 건강음료로 주목받고 있습니다.

일본에는 400년 경, 술을 빚는 기술이 발달한 때를 전후로 중국에서 들어왔다고 합니다. 나라시대(奈良時代, 710-794)에는 고급 조미료나 약으로 소중하게 다뤄지다가 가마쿠라시대에 와서 조리에 널리 이용하게 되었습니다. 에도시대에는 된장, 간장과 함께 서민에게 보급되어 여러 재료를 섞어 만든 식초와 함께 널리 퍼지면서 현대에 이르렀습니다.

사용법

신맛을 내고 싶을 때 넣어주세요. 다른 조미료나 재료와 함께 사용하면 원숙한 맛을 낼 수 있습니다. 끓이면 맛이 크게 달라져 다양한 맛으로 변합니다.

조리 효과

- 방부, 살균 효과가 있어 음식이 잘 상하지 않아요.
- 재료의 변색을 방지해 연근이나 우엉의 떫은맛을 없애는 작용을 합니다.

- 잡냄새를 없애서 재료 본연의 맛을 살려줍니다.
- 짠맛을 살려주는 효과가 있습니다. 소금이 적어도 제대로 맛을 낼 수 있어서 저염 효과가 있습니다.
- 단백질 응고를 촉진해 달걀을 삶을 때 이용하면 좋아요.

보관방법

그늘지고 서늘한 곳, 될 수 있으면 냉장고에 보관합니다. 양조 식초는 풍미가 변하기 쉬우므로 빨리 사용하는 편이 좋습니다. 사용량을 고려해서 구입하세요.

절임

알아두면 편리한 기본 배합

피클의 기본

배합(만들기 편한 분량)

피클액

- 식초 1/2컵
- 화이트와인 1/4컵
- 물 1/4컵
- 설탕 3큰술
- 소금 1큰술

허브류

- 월계수잎 1장
- 홍고추(소) 2개
- 후추 1작은술

메모

냉장고에 남아있는 채소로 간단히 만들 수 있는 것이 피클의 장점입니다. 피클로 만들면, 평소에 별로 먹지 않던 채소를 맛있게 먹을 수 있어요. 피클액의 배합이나 허브를 바꿔 자신의 취향에 맞는 맛으로 만들어 보세요.

기본 레시피

재료(만들기 쉬운 분량)

좋아하는 채소

- 오이 1개, 파프리카 1개, 주키니 1개, 셀러리 1개 등

위의 배합의 피클액, 허브류

만드는 법

1. 냄비에 피클액 재료를 넣고 한소끔 끓인다.
2. 채소는 다듬어서 좋아하는 크기로 자른다.
3. 2를 통에 넣고 허브류를 뿌린다.
4. 1의 한 번 끓여준 피클액을 3에 끼얹고 맛이 들도록 식을 때까지 기다린다.

너무 달지 않은 깔끔한 맛

개운한 피클

배합(만들기 편한 분량)

식초 1/4컵
화이트와인 1/4컵
물 1/4컵
설탕 2큰술
소금 1작은술
얇게 썬 마늘 2장
월계수잎 1장
통후추 5~6알
다시마(가로세로 5cm) 1장

만드는 법

다시마 이외의 모든 재료를 냄비에 넣고 한소끔 끓인다. 뜨거울 때 다듬어놓은 채소에 끼얹고 다시마도 넣는다.

다시마의 감칠맛이 느껴지는

일본식 피클

배합(만들기 편한 분량)

소금 약간
식초 1컵
간장 4큰술
다시마(가로세로 5cm) 1장

만드는 법

모든 재료를 잘 섞어서 미리 다듬어놓은 채소에 넣어 절인다.

삶은 감자에

화이트와인 피클

배합(만들기 편한 분량)

화이트와인 2컵
현미 식초 1컵
로즈마리 2가지
통 백후추 1작은술
소금 적량

만드는 법

모든 재료를 냄비에 넣고 한소끔 끓인다. 뜨거울 때 다듬어놓은 채소에 끼얹어 절인다.

초밥용 식초로 간단하게 만드는

간단 초밥용 피클

배합(만들기 편한 분량)

초밥용 식초 3/4컵
레몬즙 1/2개 분량
채 썬 레몬껍질 1/2개 분량

만드는 법

모든 재료를 볼에 섞은 후 살짝 데친 채소가 뜨거울 때 부어준다.

감자나 달걀도

채소 이외에도 삶은 감자나 달걀도 피클로 만들어 보세요. 풍미나 색을 살려주는 향신료를 고르는 것이 중요합니다. 백후추는 풍미가 고급스럽고 색깔도 티가 나지 않아 다양하게 활용할 수 있습니다.

수제 락교(염교) 만들기

락교의 기본

배합(소금에 절인 락교 200g 분량)
설탕 1/3컵
식초 1/2컵

만드는 법
소금에 절인 락교를 식초 2큰술에 씻고 식초는 버린다. 보관 용기에 씻은 락교, 설탕, 식초를 넣고 절인다.

가정에서 만드는 간단

즉석 자색 채소절임

배합(오이 2개 + 가지 4개 분량)
초벌 절임액
소금 40g
물 2.5컵

본 절임액
매실초 1/4컵
물 1과 1/4컵

만드는 법
양하(적량)는 반으로 자르고 시소(적량)는 4등분 한다. 오이와 가지는 마구썰기를 하고 생강(적량)은 얇게 썬다. 초벌 절임액에 하루 동안 절여둔 다음 꺼내서 물기를 짜내고 본 절임액에 1시간에 이상 절인다.

무 같은 담백한 채소에

유자 절임

배합(무 1/3개 분량)
유자 1/2개
설탕 1큰술
식초 2큰술

만드는 법
유자 껍질은 사방 5mm 크기로 자르고 과육은 즙을 짠다. 스틱썰기를 한 무는 유자즙과 설탕, 식초를 넣고 버무린 다음 유자 껍질을 뿌린다.

식사나 술자리에 어울리는 산뜻한 맛

생강 식초 절임

배합(오이 4개 분량)
생강 식초(만드는 법은 왼쪽 참고) 1컵
간장 2작은술
참기름 1작은술

만드는 법
모든 조미료를 섞어서 절임액을 만든다. 오이는 알맞은 크기로 잘라서 두들긴 후 참기름(분량 외)으로 살짝 볶아 절임액에 넣는다.

생강 식초

재료(완성- 약 2컵 분량)
현미 식초 1컵
생강 100g
설탕 1/2컵
소금 1작은술

만드는 법
1 생강은 채 썰어 살짝 데친 다음 체에 밭쳐 놓는다.
2 1을 볼에 넣고 현미 식초, 설탕, 소금을 넣어 잘 섞어서 보관 용기에 담는다.

락교 응용

초절임 이외에도 다양하게 응용해보세요(소금에 절인 락교 500g의 소금기를 빼서 사용).

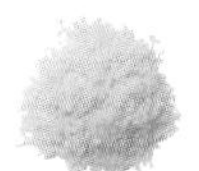

소금 식초 절임

소금 15g, 물 1과1/4컵, 홍고추 1개를 함께 가열해서 끓어오르면 불을 끄고 식힙니다. 여기에 식초 4큰술과 락교를 넣어 절여 주세요.

벌꿀 절임

물과 벌꿀 각 1컵, 식초 1/2컵을 섞어가면서 가열해서 끓어오르면 불을 끄고 식혀 주세요. 여기에 락교를 넣고 절입니다.

허브 절임

물, 식초, 설탕 각 1컵을 섞어가며 가열해서 끓어오르면 불을 끄고 식힙니다. 여기에 락교와 좋아하는 허브(딜이나 타임)를 함께 넣고 절입니다.

절임

싱그러운 채소 본연의 맛을 살려주는
채소용 마리네 소스

배합(만들기 편한 분량)
화이트와인 비네거 3큰술
잘게 썬 홍고추 1/2큰술(1개 분량)
식용유 5큰술
설탕 1/2큰술
월계수잎 1장
소금, 후추 적량

만드는 법
모든 재료를 섞어 마리네 소스를 만든다. 좋아하는 채소를 다듬어서 살짝 데친 후 마리네 소스에 담근다.

고기를 부드럽게 만드는
고기용 마리네 소스

배합(만들기 편한 분량)
레드와인 2큰술
올리브유 4큰술
다진 마늘 1/4큰술
토마토(가로세로 5mm) 4.5큰술
다진 양파 2큰술
다진 파슬리 1/2큰술
소금, 후추 적량씩

만드는 법
모든 재료를 잘 섞는다. 육회용 쇠고기나 튀김용 돼지고기 등에 사용한다.

소금에 절인 고등어로 간단하게
고등어 초절임

배합(만들기 편한 분량)
곡물 식초 1.5컵
물 1/2컵
설탕 1큰술
국간장 1큰술
얇게 썬 스다치 2장

만드는 법
모든 재료를 잘 섞는다. 고등어에 소금을 뿌려 수분을 제거한 후 배합액에 넣고 뒤집어 주면서 30분 정도 절인다.

생선 비린내를 줄여주는
생선용 마리네 소스

배합(만들기 편한 분량)
화이트와인 1/2컵
화이트와인 비네거 1/2컵
월계수잎 1장
타임 1개
소금 1/3작은술
통후추 약간

만드는 법
냄비에 모든 재료를 넣고 중불에서 3분 동안 가열한다. 마리네소스에 얇게 편 썰어 소금, 후추로 밑간한 생선(청어 등)과 곱게 채 썬 당근, 양파를 넣어 함께 절인다.

동그란 데마리초밥에 활용하는
서양식 초밥 재료 절임액

배합(훈제연어 8장 분량)
서양풍 초밥재료 절임액
미림(알코올 성분을 날린 것) 2큰술
레몬즙 2큰술
설탕 1.5큰술
소금 1/2작은술

만드는 법
모든 재료를 잘 섞는다. 훈제연어에 뿌려 5분 정도 절인다.

연어 데마리초밥 레시피

재료(4인분)
초밥용 밥 2홉 분량
쪽파 8개
서양식 초밥 재료 절임액에 절인 훈제연어(만드는 법 오른쪽 참고) 8장
취향에 따라
물냉이 약간

만드는 법
1 쪽파를 뜨거운 물에 살짝 데쳐서 물기를 제거한다.
2 초밥용 밥을 8등분으로 나눠 동그랗게 만든다. 서양식의 초밥 재료 절임액에 절인 훈제연어를 동그랗게 만든 초밥에 둘러주고 쪽파로 묶는다. 물냉이로 장식하여 풍미를 더한다.

해산물용 마리네 소스

배합(삶은 문어발 3개 분량)
식초 2큰술
소금, 후추 약간씩
머스터드 1작은술
올리브유 3큰술

만드는 법
모든 조미료를 잘 섞어서 마리네 소스를 만든다. 얇게 편 썬 문어를 올리브유에 살짝 볶은 후 마리네 소스를 넣고 버무린다.

마리네 준비

채소류는 먹기 좋은 크기로 잘라 살짝 데쳐 넣어주세요. 해산물은 회감으로 사용할만한 재료를 사용합니다. 고기는 쇠고기라면 육회용을 사용해도 좋아요. 그 외에 다른 고기류는 튀겨서 절여주세요.

또 먹고 싶어지는 맛

남반 식초의 기본

배합(만들기 편한 분량)

남반 식초

- 식초 1/2컵
- 물 또는 맛국물 1/2컵
- 설탕 2큰술
- 간장 2작은술
- 소금 1/2작은술

메모

재료를 섞는 것만으로도 완성되는 남반 식초의 기본 배합입니다. 아파서 식욕을 잃었을 때, 더위를 먹어 입맛이 없는 계절에도 개운하게 먹을 수 있어요.

기본 레시피

재료(만들기 편한 분량)

전갱이 3마리
양파 1/2개
양하 2개
위의 배합 남반 식초
간장, 밀가루, 튀김용 기름 적량씩

만드는 법

1 위의 배합 재료를 전부 섞어서 남반 식초를 만든다.
2 전갱이는 세장 뜨기를 해서 한 장을 3등분으로 나눈다. 여기에 간장을 뿌린 다음 밀가루를 뿌린다. 양파와 양하는 얇게 썰어준다.
3 1의 남반 식초에 2의 양파와 양하를 넣는다.
4 튀김용 기름을 170℃에 맞춰 2의 전갱이를 노릇하게 튀긴다. 뜨거울 때 3에 넣어 3시간 정도 재워둔다.
5 취향에 따라 시소를 곁들인다.

작은 생선과 가지튀김에는

매실 남반 식초

배합(만들기 편한 분량)

흑초 1/4컵
물 1/4컵
벌꿀 3큰술
청주 3큰술
간장 1큰술
매실장아찌 4개
생강 1조각 분량

만드는 법

매실장아찌, 생강 이외의 재료를 냄비에 넣고 가열한 후 불에서 내려 식힌다. 식으면 매실장아찌를 넣는다. 재료가 절여지면 곱게 채 썬 생강을 곁들여 담는다.

생선의 담백한 풍미를 살리는

흰살생선용 남반 식초

배합(4인분)

맛국물 180ml
간장 150ml
미림 60ml
식초 60ml
홍고추 3~4개

만드는 법

모든 재료를 잘 섞는다. 밀가루를 뿌려 튀긴 흰살 생선이나 꽈리고추 등을 넣어 절인다.

진한 간장향의

고기 남반 식초

배합(얇게 썬 고기 300g 분량)

남반 식초

- 식초 4큰술
- 맛국물 4큰술
- 간장 3큰술
- 설탕 2큰술
- 잘게 썬 홍고추 1개 분량

만드는 법

기본 레시피를 참고한다. 생선과 고기를 얇게 썰어 요리한다.

국간장을 넣어 재료의 색을 살린

연어 남반 식초

배합(생연어 4토막 분량)

남반 식초

- 소금 1작은술
- 후추 약간
- 식초 3/4컵
- 국간장 1큰술
- 맛국물 1컵
- 잘게 썬 홍고추 1개 분량

만드는 법

기본 레시피를 참고한다. 전갱이를 연어로, 채소를 셀러리, 파, 당근으로 바꿔서 만든다.

다양한 남반 식초

남반 식초 절임은 주로 생선을 절이는 요리지만 가지나 돼지고기로 만들어도 맛있습니다. 담백한 맛의 가지는 흑초를 이용해서 깊은 맛의 남반 식초로 만들면 좋아요. 돼지고기는 간장과 설탕을 사용한 진한 맛의 남반 식초에 절이면 맛있게 먹을 수 있습니다.

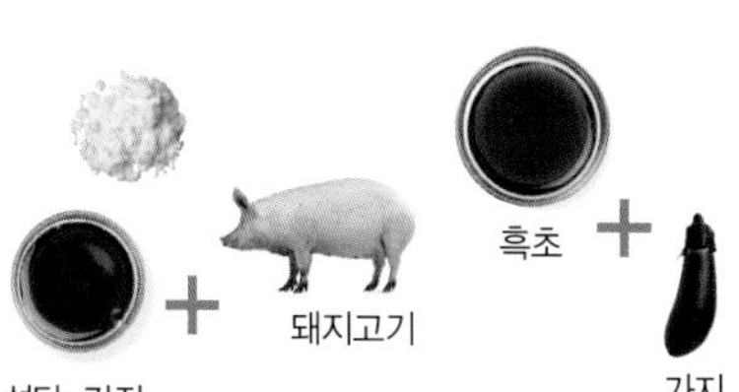

무침

적당한 단맛의 삼배초

초무침의 기본

삼배초

배합(만들기 편한 분량)

간장 : 식초 : 미림 = 1 : 1 : 1

메모

살짝 단맛이 도는 삼배초는 해초와 채소 등 감칠맛이 적은 식재료에 쓰는 조미료입니다. 문어나 작은 생선은 이배초로 무쳐도 맛있어요.

기본 레시피

재료 (4인분)

오이 2개
염장미역 20g
마른 뱅어 4큰술
소금 1작은술
삼배초(만드는 법은 위의 배합 참고)
생강 약간

만드는 법

1 미역은 잘 씻어서 뜨거운 물을 부은 후 찬물에 헹궈 물기를 제거한다. 미역은 먹기 좋은 크기로 썰고 오이는 얇게 썬다.
2 오이는 소금을 뿌려 주무른 다음 물기를 짠다.
3 생강 이외의 재료를 모두 삼배초에 무쳐서 그릇에 담는다. 곱게 채 썬 생강을 곁들인다.

소금이나 야채로 녹녹한 생선을 버무릴 때

도사(土佐) 식초

배합(만들기 편한 분량)

맛국물 : 식초 : 국간장 : 미림 = 3 : 2 : 1 : 1

만드는 법

모든 재료를 지정한 비율로 섞어서 한소끔 끓여 식힌다.

모든 초절임에 사용하는

이배초

배합(만들기 편한 분량)

간장 : 식초 = 1 : 1

만드는 법

모든 재료를 지정한 비율로 섞어서 한소끔 끓여 식힌다.

적당한 단맛의 깔끔한 맛

노른자 식초

배합(만들기 편한 분량)

달걀노른자 2개 분량
식초 1.5큰술
미림 2큰술
소금 약간

만드는 법

작은 냄비에 재료를 넣고 잘 섞어 중탕으로 데우면서 섞어준다. 걸쭉해지기 시작하면 불을 끄고 식힌다.

다시마 식초

식초에 단맛과 감칠맛이 가미된 만능 조미료입니다. 간장을 조금 넣으면 초절임장으로 사용할 수 있어서 편리해요.

재료(만들기 편한 분량)

식초 2컵
설탕 6큰술
소금 2작은술
다시마(가로세로 2.5cm) 40g

만드는 법

1 냄비에 다시마 이외의 재료를 넣고 가열하다 끓어오르면 불을 끄고 식힌다.
2 보관 용기에 다시마와 1을 넣어 준다.

닭고기와 새우를 무칠 때

에스닉 단식초

배합(만들기 편한 분량)

피시 소스 4큰술
설탕 4큰술
물 1/2컵
현미 식초 4큰술
다진 마늘 3톨 분량
잘게 썬 홍고추 3개 분량

만드는 법

작은 냄비에 설탕과 물을 섞어 가열한다. 설탕이 녹으면 모든 재료를 넣고 잘 섞는다.

식초로 산뜻한 맛을 낸
담백한 방어 데리야키

배합(방어 4조각 분량)
간장 2큰술
미림 2큰술
생강 식초(만드는 법 47쪽 참고) 4큰술

만드는 법
프라이팬에 방어 양면을 노릇하게 구워낸다. 같은 프라이팬에 간장과 미림을 넣어 약간 졸인 다음 생강 식초를 넣는다. 방어를 다시 프라이팬에 넣고 소스와 어우러지게 한다.

향미 채소를 풍성하게 곁들여
깔끔한 닭고기 그릴

배합(닭가슴살 2쪽 분량)
그릴 소스
간장 2큰술
식초 2큰술
설탕 1작은술
잘게 썬 홍고추(소) 2개 분량

깔끔한 닭고기 그릴 레시피

재료(4인분)
닭 다리 2개
고수 1단
파(흰 부분) 1대 분량
위의 배합 그릴 소스
소금, 후추 약간씩

만드는 법
1 오른쪽 위에 적힌 배합 재료를 전부 섞어 그릴 소스를 만든다.
2 닭고기는 소금과 후추를 뿌려서 그릴에서 양면을 굽는다. 고수는 잘게 썰어 놓는다.
3 노릇하게 구워지면 1의 그릴 소스를 전체적으로 발라 알루미늄 호일에 싸서 불을 끈 그릴의 남은 열기로 찐다.
4 3을 한입 크기로 잘라서 파와 고수를 얹고 남은 그릴 소스를 얹어낸다.

식초의 효과로 바삭바삭 & 말랑말랑
사워(sour) 치킨 소테

배합(닭 다리 2개 분량)
마늘(대) 2톨
소금 3작은술
후추 약간
올리브유 4큰술
현미 식초 6큰술
로즈마리 4가지

만드는 법
마늘을 으깨 모든 조미료와 섞은 후 닭고기를 재운다. 프라이팬에서 고기에서 나오는 기름을 닦아가면서 바삭해질 때까지 굽는다.

찍어먹는 소스

쇠고기나 붉은살생선구이에
에스닉 소스

배합(만들기 편한 분량)
다진 마늘 2조각 분량
다진 파 1/2대 분량
잘게 썬 홍고추 2개 분량
피시 소스 4큰술
식초 4큰술
레몬즙 1큰술
후추 약간
설탕 1꼬집
참기름 1큰술

만드는 법
참기름을 두른 프라이팬에 마늘, 홍고추, 파를 넣고 볶는다. 향이 나면 불을 끄고 남은 조미료를 넣고 섞어준다.

볶음 국수와 생선구이에 곁들이는
청양고추 식초

배합(만들기 편한 분량)
청양고추 10개
현미 식초 1컵

만드는 법
청양고추를 잘게 썰어 씨앗과 함께 현미 식초에 하룻밤 이상 재웠다가 사용한다.

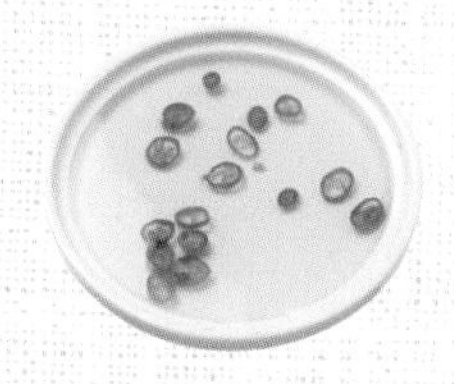

구운 흰살생선, 닭고기, 조개류, 버섯에
일본식 참깨 식초소스

배합(만들기 편한 분량)
참깨 2큰술
식초 4큰술
설탕 2작은술
간장 1큰술
소금 1/4작은술
연겨자 1작은술

만드는 법
모든 재료를 잘 섞는다.

볶음

대표적인 중화요리

탕수육의 기본

메모

중화요리는 집에서 하기 어렵다고들 생각합니다. 하지만 기본적인 사항만 알아두면 생각보다 훨씬 간단한 요리입니다. 중화요리 중에서도 가장 사랑받는 탕수육을 자신 있는 요리 리스트에 추가할 수 있도록 도전해보세요.

기본 레시피

재료(4인분)

돼지고기(다리, 깍둑썰기) 300g
양파 1개
피망 2개
죽순(삶은 것) 120g
당근 80g
마른 표고버섯 4개
얇게 썬 마늘 1/4톨 분량
왼쪽 배합의 밑간, 볶음장, 물전분
전분가루, 튀김용 기름 적량씩
식용유 1큰술

만드는 법

1 마른 표고버섯을 물에 담가 불린 후 얇게 편 썬다. 돼지고기는 밑간을 해서 주물러 둔다. 채소는 먹기 좋은 크기로 자른다.
2 돼지고기에 전분가루를 입히고 160℃의 기름에 넣고 불을 조금씩 강하게 해서 튀긴다. 피망은 튀김옷을 입히지 않고 살짝만 튀긴다.
3 식용유를 두른 프라이팬에 마늘, 양파, 1의 표고버섯, 죽순, 당근 순서로 넣어 볶다가 볶음 소스를 넣는다.
4 물전분으로 농도를 낸 후 2의 고기와 피망을 넣고 잘 섞어준다.

섞어만 주는 완성되는

간단 탕수육

배합(4인분)

토마토 주스 3큰술
설탕 3큰술
식초 2큰술
소금 약간
간장 1큰술
청주 1큰술
굴소스 1작은술
전분가루, 물 1/2큰술씩

만드는 법

전분가루를 물에 풀고 다른 조미료와 함께 냄비에 넣고 끓인다. 기본 레시피를 참고해 튀겨낸 고기와 기름에 볶은 채소를 넣고 버무린다.

기본 탕수육

배합(4인분)

밑간
생강즙 1/2작은술
간장, 청주 2작은술씩

볶음장
토마토케첩 4큰술
설탕 5큰술
소금 1/2작은술
닭고기 육수 1/2컵
식초 2큰술

물전분
전분가루 2작은술, 물 4작은술

만드는 법

기본 레시피를 참고한다.

색깔도 맛있는

흑초 탕수육

배합(4인분)

밑간
생강즙 1큰술
청주 1큰술
간장 1큰술
후추 약간

볶음장
청주 1큰술
설탕 2큰술
흑초 3큰술
간장 1/2큰술
소금 2꼬집

만드는 법

기본 레시피를 참고한다. 채소는 넣지 않고 돼지고기만으로 만들어도 맛있다.

튀길까? 구울까?

단숨에 볶아내고 싶을 때는 돼지고기를 미리 익혀 놓으세요. 튀김옷을 입혀서 튀기면 진한 맛을 느낄 수 있고 기름을 두르지 않은 프라이팬에 구우면 깔끔한 맛을 낼 수 있습니다.

오징어나 새우를 볶을 때
해산물 발사믹 볶음

배합(4인분)
다진 마늘 1톨 분량
식용유 1큰술
청주 2큰술
소금, 후추 약간
발사믹 식초 2큰술

만드는 법
식용유를 두른 프라이팬에 마늘을 볶아 향을 낸 후 해산물을 넣고 볶는다. 그 다음에 청주, 소금, 후추, 발사믹 식초를 순서대로 넣어가며 볶아준다. 물냉이나 셀러리를 넣어도 맛이 좋다.

해산물을 볶을 때
화이트와인 비네거 볶음

배합(4인분)
볶음장1
화이트와인 2큰술
소금 적량

볶음장2
화이트와인 2큰술
화이트와인 비네거 2큰술
버터 15g
얇게 썬 마늘 1/2톨 분량

만드는 법
버터를 녹인 프라이팬에 마늘을 볶은 후 해산물을 볶는다. 볶음장1을 둘러주고 내용물을 꺼낸다. 사용한 프라이팬에 그대로 볶음장2를 넣고 가열하면서 졸인다. 졸여진 볶음장2를 내용물에 끼얹는다.

특유의 냄새가 있는 고기 내장류에
다크체리 비네거 볶음

배합(4인분)
레드와인 비네거 1.5큰술
다크체리(캔) 150g
다크체리즙(캔) 1/2컵
소금, 후추 약간씩
버터 2큰술

만드는 법
프라이팬에 고기를 볶다가 레드와인 비네거, 다크체리즙, 다크체리 열매의 순서로 넣어 볶는다. 소금, 후추로 간을 한 후 마무리로 버터를 넣어 섞는다.

살짝 익힌 고수로 맛을 낸
고수 볶음

배합(고수 2단 분량)
다진 마늘 1큰술
올리브유 4큰술
다진 안초비 1큰술
식초 1큰술

만드는 법
식초 이외의 재료를 프라이팬에서 볶다가 재료의 향이 니기 시작하면 듬성하게 자른 고수를 넣고 섞은 다음 불을 끈다. 소금, 후추를 넣어 간을 한 후 마지막에 식초를 둘러준다.

감자의 식감을 살려주는
아삭한 감자 볶음

배합(큰 감자 2개 분량)
식초 1큰술
소금 1/2작은술
설탕 1작은술
식용유 1.5큰술

만드는 법
감자는 채 썰어서 물에 넣어 전분기를 빼놓는다. 식용유를 두른 프라이팬에 감사를 넣고 볶는다. 식초, 소금, 설탕의 순서대로 넣고 간을 한다.

삼겹살처럼 기름진 고기를 볶을 때
흑초 볶음

배합(4인분)
흑초 2큰술
춘장 1큰술
소금 1/4작은술
청주 1큰술

만드는 법
모든 재료를 섞어둔다. 고기나 채소 등의 재료를 볶은 다음 볶음장을 넣고 전체적으로 섞는다.

불을 끄기 전과 후

식초는 열을 가하면 맛이 부드러워져요. 고수 볶음처럼 신맛을 살려주고 싶을 때는 불을 끈 후에 넣어주세요. 감자 볶음처럼 부드러운 맛을 내고 싶을 때는 중불에서 시간을 들여 볶습니다.

조림

닭고기와 달걀에 어울리는

고기 마늘 식초 조림

배합(닭 날개 8개 분량)

조미액
- 마늘 1톨
- 얇게 썬 생강 3장
- 식초 1/2컵
- 간장 1/2컵
- 설탕 3큰술

메모

마늘과 식초로 조리는 요리는 산뜻한 맛으로 모든 연령층의 사랑을 받습니다. 좋아하는 고기나 채소로 응용해도 좋아요.

닭 날개 마늘 식초 조림

재료 (4인분)

닭 날개 8개
위의 배합 조미액
삶은 달걀 2개
잘게 썬 쪽파 적량

만드는 법

1. 조미액의 마늘은 칼로 2등분한 후 으깨서 냄비에 넣는다. 여기에 다른 모든 재료, 닭 날개, 껍질 벗긴 삶은 달걀을 넣은 다음 뚜껑을 덮어 약불로 20분 정도 조린다.
2. 달걀을 반으로 잘라 닭고기와 함께 그릇에 담는다. 쪽파를 뿌려준다.

통으로 썬 돼지고기에 어울리는

고기 발사믹 조림

배합(돼지고기 400g 분량)

기본 재료
- 식용유 2작은술
- 홍고추 2개
- 다진 양파 1/2개 분량

조미액
- 발사믹 식초 2큰술
- 물 2컵

조미료
- 간장 3.5큰술
- 사오싱주(혹은 청주) 2큰술
- 설탕 2.5큰술

만드는 법

냄비에 기본 재료를 넣고 볶다가 살짝 구운 돼지고기와 조미액을 넣어 20분 정도 조린 다음 조미료를 넣는다. 걸쭉해질 때까지 조린다.

생선을 뼈째로 조리는

담백한 생선조림

배합(생선 500g 분량)

조미액
- 크게 썬 파 2개 분량
- 얇게 썬 생강 10g
- 현미 식초 1/2컵
- 간장 1/2컵
- 설탕 3큰술
- 물 1/2컵

만드는 법

냄비에 조미액 재료를 모두 넣고 가열한다. 끓어오르면 생선(정어리 등)을 넣는다. 다시 끓어오르면 중불로 낮춰서 10분 정도 조린다.

새우와 가리비에 어울리는

해산물 흑초 조림

배합(새우 10마리 분량)

조미액
- 흑초 1/4컵
- 벌꿀 1작은술
- 간장 1/2작은술
- 물 1작은술
- 참기름 1작은술

물전분
- 전분가루 1작은술
- 물 2작은술

만드는 법

냄비에 조미액 재료를 넣어 섞는다. 여기에 살짝 튀겨낸 새우를 넣고 가열한다. 약간 조려지면 물전분을 넣는다. 양파와 피망을 넣으면 맛이 더 좋아진다.

닭고기와 돼지고기 이야기

담백한 닭고기는 향이 없는 곡물 식초가 잘 어울립니다. 돼지고기의 지방이 많은 부위는 흑초나 발사믹 식초처럼 강한 풍미를 가진 식초로 조리면 맛이 잘 어울려요.

새우 흑초 조림

탕수육에 사용하는 흑초를 조림으로 응용해보면 좋아요. 너무 진해지지 않도록 주의합니다. 해산물에 넣어줘도 맛있습니다.

후추의 매운맛과 식초의 신맛이 잘 어울리는

산라탕(酸辣湯)의 기본

배합(4인분)

육수

닭고기 육수 4컵

조미료

청주 1큰술
간장 1큰술
소금 1/2작은술
후추 1/2작은술

물전분

전분가루 2큰술
물 4큰술

마무리양념

식초 2큰술
고추기름 적량

기본 레시피

재료(4인분)

돼지고기(얇게 썬 것) 100g
마른 표고버섯(물에 불린 것) 2개
팽이버섯 50g
당근 30g
두부 1/2모
달걀 1개

A

소금, 후추 약간씩
청주, 전분가루, 참기름 1작은술씩

왼쪽 위의 배합 육수, 조미료, 물전분, 마무리양념

만드는 법

1 돼지고기는 가늘게 썰어서 A로 버무려 밑간을 해둔다.
2 표고버섯은 얇게 썰고 팽이버섯은 밑동을 잘라 잘 풀어준다. 당근은 채 썬다. 두부는 채소의 크기에 맞춰 채 썬다.
3 냄비에 배합 육수를 넣고 가열하다 끓어오르면 1을 넣고 색이 변하면 두부 이외의 재료를 모두 넣고 조린다. 재료가 익으면 두부와 조미료를 넣고 물전분을 넣어 걸쭉하게 만든다.
4 끓어오르면 풀어놓은 달걀을 둘러주고 마무리양념을 넣는다.

식초로 매운맛을 진정시키는

카레 맛 산라탕

배합(4인분)

콩소메 수프 4컵
카레 가루 2큰술
버터 15g
식용유 1큰술
식초 4큰술
좋아하는 재료(베이컨, 채소 등) 적량

만드는 법

식용유, 버터를 넣은 냄비에 좋아하는 재료를 넣어 볶는다. 카레 가루를 넣고 다시 볶는다. 콩소메 수프를 넣고 끓이다가 마무리로 식초를 넣고 다시 한 번 끓인다.

고기와 식초를 끓여 기본 맛을 만드는

산뜻한 포토푀

(pot-au-feu, 프랑스의 쇠고기 전골)

배합(4인분)

스페어 립 4개
식초 1/2컵
물 6컵
수프(과립) 1/2큰술
월계수잎 2장
소금 2꼬집
후추 적량
좋아하는 채소 적량

만드는 법

냄비에 스페어 립과 식초를 넣고 가열하다 끓어오르면 물, 과립 수프, 월계수잎, 좋아하는 채소를 넣고 약불로 가열한다. 소금, 후추로 간을 한다.

맵고 시큼한 태국의 대표 수프

똠얌꿍(Tom Yum Goong)

배합(4인분)

수프

홍고추 4개
잘게 썬 고수뿌리 4뿌리 분량
얇게 썬 생강 8장
다진 라임껍질 4큰술

마무리양념

라임즙 2개 분량
피시 소스 6큰술

좋아하는 재료 (새우, 셀러리, 고수 등)

만드는 법

냄비에 수프 재료를 모두 넣고 가열한다. 끓기 시작하면 좋아하는 재료를 넣는다. 재료가 익으면 불을 끄고 마무리양념을 넣는다.

똠얌꿍을 전골로

산미가 있는 수프는 재료를 더해 전골로 만들어도 좋아요. 새우나 셀러리, 토마토, 바지락 등이 잘 어울린답니다. 피시 소스와 레몬을 찍어 먹어도 잘 어울리고 고수를 뿌려줘도 좋아요.

초밥
·
만두

달콤하고 상큼한 맛

채소 지라시스시의 기본

기본 레시피

재료 (4인분)
밥 3홉 분
마른 표고버섯 6개
취향에 따라
| 계란말이, 연어알 간장 절임, 무순 등 적량씩
채소 초밥용 식초
설탕, 간장 2.5큰술씩

만드는 법

1 마른 표고버섯은 물에 담아 불리고 표고 기둥은 제거한다. 냄비에 표고버섯을 불릴 때 사용한 물 1컵과 표고버섯, 설탕을 넣고 15분 동안 가열한다. 여기에 다시 간장을 넣고 조린다.
2 1을 얇게 썬다. 달걀말이는 가로세로 1.5cm, 무순은 2cm 길이로 자른다.
3 방금 지은 밥에 채소초밥의 초밥 식초를 넣고 자르듯이 섞어주면서 표고버섯을 넣어 지라시스시를 만든다.
4 3을 그릇에 담아 그 위에 재료를 색깔별로 예쁘게 얹는다.

마른 표고버섯과 당근으로

채소 초밥용 식초

배합(밥 3홉 분량)
식초 5큰술
설탕 2큰술
소금 1.5작은술

만드는 법
모든 재료를 잘 섞는다. 방금 지은 밥에 둘러주고 밥을 자르듯이 섞는다. 밥이 식기 전에 달콤매콤하게 조린 채소를 함께 섞어준다.

초밥은 지라시스시보다 소금을 더 넣는다

초밥용 식초

배합(밥 3홉 분량)
식초 5큰술
설탕 3과 1/3큰술(30g)
소금 2.5작은술(15g)

만드는 법
모든 재료를 잘 섞는다. 방금 지은 밥에 둘러주고 밥을 자르듯이 섞는다.

라이스샐러드 감각으로

서양식 초밥 식초

배합(밥 3홉 분량)
식초 3큰술
설탕 3큰술
소금 1작은술
레몬즙 1.5큰술
레몬껍질(강판에 간 것) 약간

만드는 법
모든 재료를 잘 섞는다. 방금 지은 밥에 둘러주고 밥을 자르듯이 섞는다. 올리브나 안초비와 잘 어울린다.

유부에 넣어주면 수제 유부초밥

유부초밥용 식초

배합(밥 3홉 분량)
식초 5큰술
설탕 2.5큰술
소금 1.5작은술

만드는 법
모든 재료를 잘 섞어준다. 방금 지은 밥에 둘러주고 밥을 자르듯이 섞는다.

다양한 초밥용 밥

유부나 손말이 김초밥에 들어가는 밥도 약간 응용해 만들면 변형의 폭이 넓어지면서 새로운 맛으로 변해요(3홉의 밥에 적당한 분량).

매실 초밥용
매실 간장(158쪽) 1큰술, 식초 5큰술, 소금 약간을 섞어 초밥용 식초로 만듭니다. 방금 지은 밥에 섞어주세요.

유자 초밥용
유자 과즙 5큰술, 설탕 1.5큰술, 소금 1작은술을 섞어 초밥용 식초로 만듭니다. 방금 지은 밥에 섞어주세요.

향 초밥용
시판하는 초밥용 식초 6큰술과 밥을 섞어서 초밥용 밥을 만듭니다. 시소 5장 분량과 다진 생강 1조각, 참깨를 함께 섞어주세요.

만두를 찍어먹는 양념장

만두는 대부분 초간장에 찍어 먹지만 그 외에도 취향과 만두 재료에 따라 다양한 양념장을 만들면 더 맛있게 즐길 수 있습니다. 산미와 매운맛이 있고 뒷맛이 상큼해지는 조미료를 넣는 것이 포인트입니다.

흰살생선으로 만든 만두에

무 레몬장

배합
간 무 200g
레몬 과즙 2개 분량
소금 1/2작은술
참기름 2큰술

만드는 법
모든 재료를 잘 섞는다.

해산물로 만든 만두에

두반장 참깨 초장

배합
흑초 4큰술
참깨 2큰술
두반장 2작은술
참기름 2작은술

만드는 법
모든 재료를 잘 섞는다.

취향에 따라 배합을 조절할 수 있는

기본 초간장

배합
식초 2작은술
간장 1큰술
고추기름 적량

만드는 법
모든 재료를 잘 섞는다.

감칠맛과 산미가 있는 양념장. 닭고기로 만든 만두에

토마토 간장

배합
토마토 주스 2큰술
간장 1큰술

만드는 법
모든 재료를 잘 섞는다.

먹기 좋은 마요네즈 양념장

고추장 마요

배합
마요네즈 1큰술
고추장 1작은술

만드는 법
모든 재료를 잘 섞는다.

만두의 기본 재료인 돼지고기에 잘 어울리는 매콤한 맛

고추냉이 식초

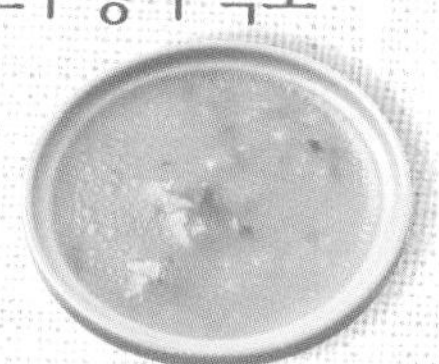

배합
현미 식초 2큰술
고추냉이 1/2작은술
참기름 1/2큰술
다진 파 약간

만드는 법
고추냉이를 현미 식초에 풀은 다음 남은 재료를 넣고 잘 섞는다.

후추를 넣어 뒷맛이 깔끔한

식초 후추

배합
현미 식초 1큰술
후추 1/2작은술

만드는 법
모든 재료를 잘 섞는다.

서양과 동양의 만남

매실 올리브유

배합
식초 2큰술
다진 매실장아찌 2큰술
올리브유 2작은술

만드는 법
모든 재료를 잘 섞는다.

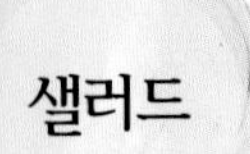

외워두고 싶은 간단 레시피

프렌치드레싱의 기본

배합

와인 비네거 1/2컵
식용유 1컵
소금 1작은술
굵은 후추 1/4작은술

만드는 법

모든 재료를 거품기로 잘 섞는다.

심플한 샐러드에 어울리는 드레싱

채소만으로 만든 기본 샐러드라도 드레싱에 공을 들이면 화려한 일품요리로 변신합니다. 동서양의 다양한 식단에 어울리는 재료를 찾아 드레싱에 변화를 주세요.

매콤한 머스터드가 포인트

머스터드 드레싱

배합

화이트와인 비네거 2큰술
머스터드 1/2큰술
소금, 후추 적량씩
식용유 1/4컵

만드는 법

식용유 이외의 재료를 섞고 식용유를 조금씩 떨어뜨려가며 섞어준다.

레스토랑의 맛

시저 드레싱

배합

프렌치드레싱(만드는 법 오른쪽 참고) 1/2컵
다진 양파 1큰술
다진 마늘 1톨 분량
다진 안초비 3마리 분량
치즈 가루 2큰술
레몬즙 1큰술
화이트와인 1큰술
달걀노른자 1개 분량
케이퍼 4알
연겨자 1/2작은술

만드는 법

모든 재료를 함께 담아 매끄러워질 때까지 잘 섞는다.

배추로도 만들 수 있는

코울슬로 드레싱

배합

식초 2큰술
마요네즈 2큰술
올리브유 1큰술
소금 1작은술
후추 약간

만드는 법

모든 재료를 잘 섞는다.

사과 식초로 수제 코티지(Cottage) 치즈 만들기

재료(만들기 편한 분량)

우유 2컵
사과 식초 1/4컵

만드는 법

1 냄비에 우유를 넣고 불을 켜서 60℃가 될 때까지 끓인다.
2 40℃로 식힌 다음 사과 식초를 넣고 나무주걱으로 잘 저어준다.
3 두부 같은 상태가 되면 젖은 천을 깔아 둔 체에 넣고 물기를 완전히 제거한다.

양파와 토마토에 어울리는
바삭한 베이컨 드레싱

배합
화이트와인 비네거 2큰술
식용유 1/2컵
다진 마늘 1/3큰술
크게 다진 베이컨 1장 분량
다진 파슬리 1/2큰술
소금, 굵은 후추 적량씩

만드는 법
식용유, 마늘, 베이컨을 냄비에 넣고 향이 나고 바삭해질 때까지 볶아준다. 마늘과 베이컨을 식힌 다음 와인 비네거, 파슬리, 소금, 굵은 후추를 넣고 섞는다.

심플한 배합으로도 모든 샐러드에 잘 어울리는
일본식 드레싱

배합
식초 2큰술
간장 2큰술
식용유 1/4컵

만드는 법
모든 재료를 잘 섞는다.

부드러운 그린 드레싱
아보카도 드레싱

배합
아보카도 2개
레몬 과즙 1개 분량
소금 1/3작은술
후추 약간
식용유 2큰술

만드는 법
아보카도는 세로로 반을 잘라 씨를 빼고 껍질을 벗긴 후 3cm 폭으로 자른다. 푸드 프로세서에 재료를 모두 넣고 갈아준다.

양파의 풍미와 감칠맛으로 고급스러운 맛을 낸
어니언 드레싱

배합
다진 양파 4큰술
소금, 후추 약간씩
머스터드 2작은술
레몬즙 1큰술
화이트와인 1작은술
올리브유 3큰술

만드는 법
재료를 위에 적은 순서대로 넣어 섞고 마지막에 올리브유을 조금씩 넣어가면서 잘 섞는다.

고수를 넣은 일품 소스
에스닉 드레싱

배합
라임즙 4큰술
피시 소스 1큰술
물 1큰술
설탕 1/2큰술

만드는 법
모든 재료를 잘 섞는다.

참기름의 향이 살아있는
중화 드레싱

배합
식초 2큰술
간장 2큰술
참깨 1/2큰술
참기름 1/4컵
식용유 1/4컵

만드는 법
식초, 간장, 참깨를 섞고 참기름과 식용유를 조금씩 넣어가면서 잘 섞어준다.

같은 채소로 만든 샐러드에 드레싱으로 변화를

토마토 하나로 일식, 양식, 중식으로 변화를 줄 수 있습니다.

서양식: 얇게썰기 + 어니언 드레싱 + 파슬리

일본식: 데쳐서 껍질을 벗겨 씨 빼고 깍둑썰기 + 일본식 드레싱

중화식: 반달썰기 + 중화 드레싱 + 파의 흰 부분

샐러드

해산물 샐러드에 어울리는 드레싱

해산물이 주역인 전채 샐러드는 생선의 종류에 따라 샐러드도 변화합니다. 와인에 잘 어울리는 새콤달콤한 과일 샐러드에서 밥에 잘 어울리는 된장 샐러드까지 다양하게 응용할 수 있어요.

신맛이 강한

붉은살생선 드레싱

배합

레몬즙 8큰술
간장 8큰술
참기름 1큰술
후추 약간

만드는 법

모든 재료를 잘 섞는다.

고추냉이를 응용한

고추냉이 드레싱

배합

생고추냉이(갈은 것) 1작은술
간장 2큰술
레몬즙 2큰술
식용유 3큰술

만드는 법

모든 재료를 잘 섞는다.

밥과 어울리는 반찬용 샐러드

된장 드레싱

배합

된장 3~4큰술
참기름 1/3컵
현미 식초 1/3컵
시치미 1/2~1작은술

만드는 법

볼에 된장과 참기름을 넣고 잘 풀어준 다음 현미 식초, 시치미를 넣고 섞는다.

부드럽고 달콤한

키위 드레싱

배합

프렌치드레싱(만드는 법 58쪽 참고) 1컵
키위 1개
레몬즙 1큰술
벌꿀 1큰술

만드는 법

키위는 깍둑썰기를 해서 모든 재료와 잘 섞는다.

붉은살생선에는

맛이 진하고 강한 향이 있는 붉은살생선을 샐러드에 사용할 때는 신맛이 강한 드레싱을 곁들여야 생선 특유의 비린내가 사라집니다.

흰살생선에는

담백한 맛의 흰살생선을 샐러드에 사용할 때는 신맛이 약한 드레싱을 사용합니다. 생선살이 너무 부드러울 때는 소금으로 절여서 사용하세요.

마른 생선에는

마른 생선의 풍미는 된장 드레싱과 잘 어울립니다. 구워서 뼈를 발라내고 잘게 찢어놓은 생선살을 파, 시소, 물냉이 등 향이 강한 채소와 살짝 버무려주세요.

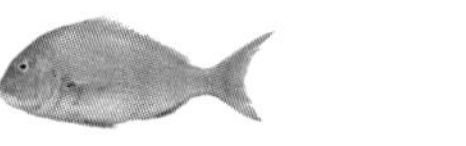

곡물류 샐러드에 어울리는 드레싱

두부나 곡물류의 담백한 식재료에는 다양한 맛이 나는 드레싱을 곁들입니다. 토마토나 오이, 꼬투리 강낭콩처럼 선명한 색의 채소를 함께 넣어 맛의 강약을 더해주세요.

두부같이 담백한 재료에

다진 고기 드레싱

배합

다진 돼지고기(붉은 살) 100g
다진 마늘 1톨 분량
현미 식초 3큰술
간장 3큰술
후추 적량
식용유 2큰술

만드는 법

냄비에 식용유와 마늘을 넣고 가열한다. 마늘향이 올라오면 다진 고기를 넣고 바삭해질 때까지 볶는다. 불을 줄이고 현미 식초, 간장을 넣고 후추를 평소보다 많이 넣는다.

두부나 잡곡으로 만든 샐러드에

지중해 드레싱

배합

올리브유 6큰술
화이트와인 비네거 3큰술
소금 1작은술
굵은 후추 약간
마른 허브 1/3작은술
카레 가루 약간

만드는 법

모든 재료를 잘 섞는다. 취향에 맞는 허브를 골라 넣는다.

고기 샐러드에 어울리는 드레싱

고기류의 샐러드에는 진한 맛과 향을 지닌 시금치나 쑥갓이 좋아요. 생고기를 먹기 어렵다면 드레싱을 뜨겁게 데워서 끼얹으면 적당히 숨이 죽어 먹기 좋답니다.

냉샤브 샐러드에

카레 드레싱

배합

카레 가루 1/3큰술
레몬즙 1큰술
토마토케첩 1큰술
마늘즙 1/3작은술
올리브유 1/3컵

만드는 법

카레 가루를 기름 없이 볶거나 오븐에 구워서 향을 낸 후 다른 재료와 섞는다.

로스트비프의 소스로도

양파 간장 드레싱

배합

레몬즙 2.5큰술
다진 양파 2큰술
소금 1/3작은술
굵은 후추 적량
간장 약간
식용유 4큰술

만드는 법

모든 재료를 잘 섞는다.

닭고기나 돼지고기 샐러드에

핫(hot) 드레싱

배합

참기름 2큰술
마늘(강판에 간) 1작은술
간장 3큰술
식초 3큰술

만드는 법

참기름을 두른 작은 냄비에 마늘을 볶아 향을 낸 후 나머지 조미료를 넣고 한 번 끓어오르면 뜨거울 때 샐러드에 뿌려준다.

디저트 식초

채소나 과일로 집에서 오리지널 식초를 만들어 보세요. 요리에 사용하는 것은 물론이고 주스나 탄산과 섞으면 음료수로도 즐길 수 있습니다.

토마토 식초

재료(만들기 편한 분량)
현미 식초 1/2컵
토마토 2개
소금 1작은술
후추 약간

만드는 법
1 토마토는 꼭지를 파내고 껍질째 간다.
2 내열 용기에 1을 넣고 랩을 씌워 전자레인지에 3분 동안 가열한다.
3 2에 조미료를 전부 넣고 섞는다. 보관 용기에 옮겨 바로 사용한다.

사과 식초

재료(만들기 편한 분량)
사과 300g
얼음설탕 300g
준마이(純米) 식초 1.5컵

만드는 법
1 사과는 씻어서 껍질째 세로로 자른다.
2 보관 용기에 1의 사과, 얼음설탕의 순서로 넣고 준마이식초를 넣는다.
3 얼음설탕이 녹아서 사과가 떠오르면 사용해도 좋다.

바나나 흑초

재료(만들기 편한 분량)
바나나 1개
흑설탕 100g
흑초 1컵

만드는 법
1 바나나는 껍질을 벗겨서 통썰기를 한다.
2 내열성 보관 용기에 1의 바나나와 흑설탕을 넣고 흑초를 부어준다.
3 전자레인지에 30~40초 가열한다. 실온에서 반나절 정도 두었다 사용한다.

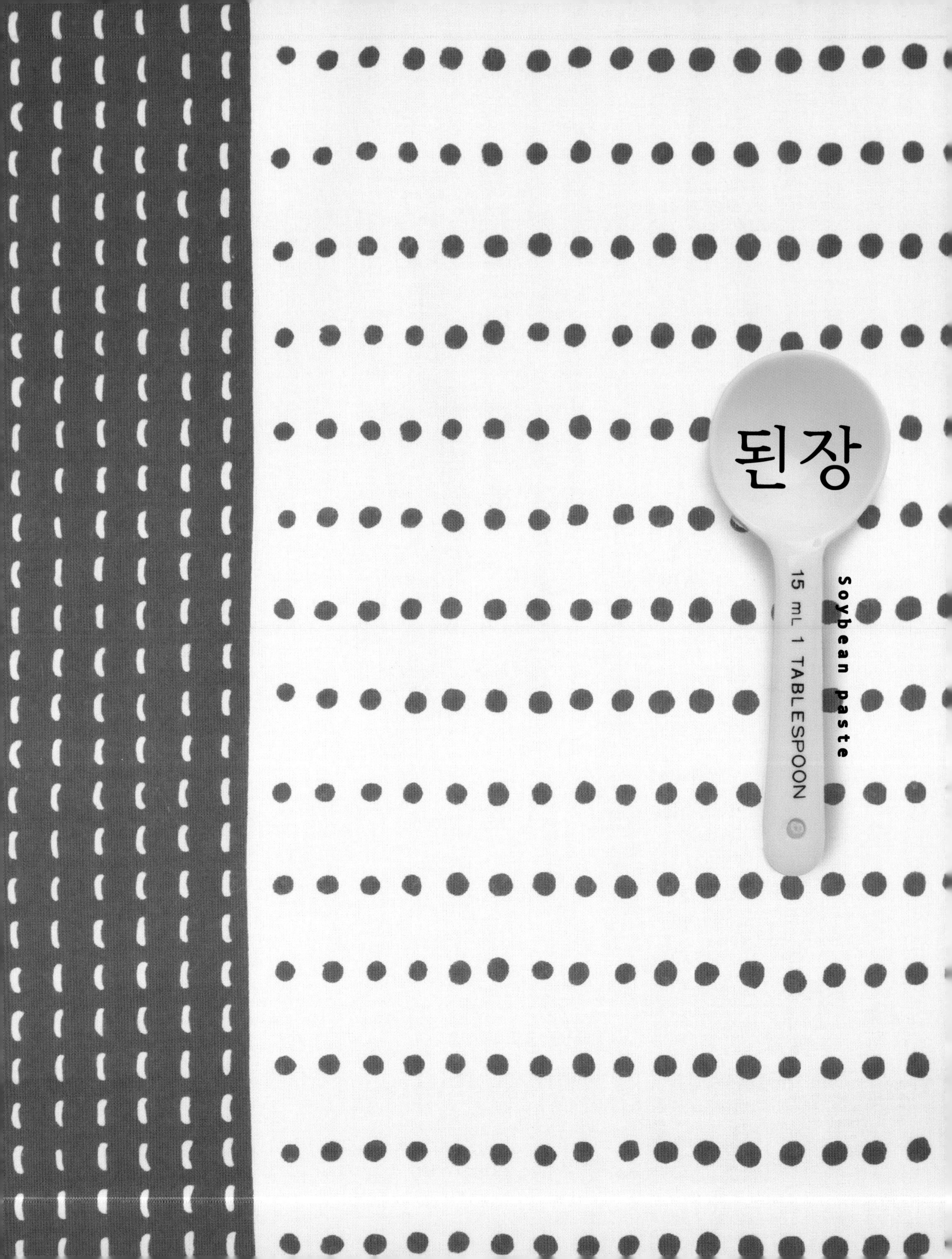

된장

Soybean paste

된장

쌀은 담백하고 보리는 촉촉하며 콩은 든직합니다. 누룩의 종류에 따라 된장의 맛이 달라집니다.

영양 이야기

된장에 함유된 칼슘과 비타민B군에는 심신을 안정시키는 효과가 있다고 합니다. 된장국을 먹으면 안정이 되는 것은 이러한 영양의 효과일지도 몰라요.

누룩의 종류 = 된장의 종류

된장의 맛은 누룩의 종류와 콩의 비율로 정해집니다. 단맛이 나는 사이쿄미소(西京みそ, 쌀을 원료로 한 흰 된장)는 콩보다 쌀누룩을 많이 넣어 만듭니다.

밥에는 된장국

가마쿠라시대에 식단은 '국에 반찬 하나'였다고 합니다. 국은 된장국, 여기에 밥과 채소절임. 이런 식단도 서민에게는 사치라서 평소에는 반찬없이 밥, 국, 절임만으로 식사를 했습니다. 어떤 밥상이든 된장으로 만든 국은 일본에서는 빼놓을 수 없는 먹거리였습니다.

에도시대에는 '의사에게 돈을 낼 바에야 된장 가게에 돈을 내라'라는 말까지 생겼다고 합니다. 연구를 거듭해서 각지의 풍토에 맞는 된장이 만들어지고, 이 된장은 모두에게 인정받는 건강식품이 되었습니다.

'수제 된장'은 말 그대로 직접 만든 된장으로 에도시대에는 된장을 가정에서 만들어서 집맛을 대표하는 음식 중 하나였습니다.

지방색이 다양한 건강 조미료

된장의 주원료는 콩, 쌀 또는 보리. 간장과 마찬가지로 누룩과 소금을 넣어서 발효시켜 숙성한 것입니다. 원료로 나누면 쌀, 콩, 보리, 조합된장 이렇게 4가지로 누룩의 재료에 따라 종류를 나눌 수 있습니다. 색은 흰색, 담색, 붉은색이며 각각의 농담의 정도에 따라 구분하며, 맛으로는 그 종류가 헤아릴 수 없이 많습니다.

현재는 된장에 함유된 성분이 암 방지효과, 위궤양 방지효과에 소화촉진작용, 독소분해작용, 노화방지 효과까지 있다고 밝혀져 건강식품으로 세계적인 주목을 모으고 있습니다.

쌀 된장(단맛)

부드러우면서 가볍고 달콤한 향이 특징입니다.

콩 된장

농후하며 은은하고 깊은 맛, 특유의 향이 특징입니다.

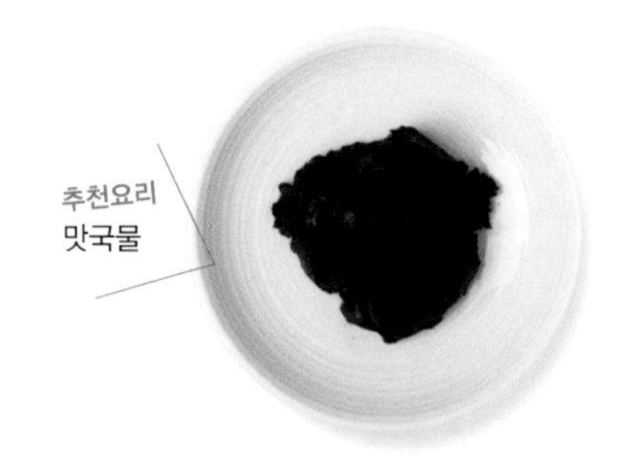

쌀 된장(매운맛, 담색)

깔끔한 맛으로 싱그러운 향이 납니다.

보리 된장

단맛은 담색, 매운맛은 붉은색입니다. 두 가지 모두 보리 특유의 향이 납니다.

쌀 된장(매운맛, 붉은색)

농후한 맛과 조화로운 매운맛, 깊이 있는 발효향이 특징입니다.

고르는 법과 종류

시중에는 놀랄만큼 많은 종류가 있습니다. 다른 맛의 된장과 섞으면 더 깊은 맛이 납니다.

된장 문화의 계승

기원은 중국대륙에 있다고 전해지며, 일본에는 아스카시대(飛鳥時代, 6세기 후반-7세기 중엽)까지 거슬러 올라갑니다. 된장국이 등장한 것은 무로마치시대(室町時代, 14세기-16세기)로 센고쿠시대(戦国時代,15세기 후반-16세기 후반)에는 칼로리 공급원인 쌀과 함께 영양 공급원인 된장이 필수품이 되었습니다. 다케다 신겐(武田信玄)이 신슈(信州)미소, 다테 마사무네(伊達政宗)가 센다이(仙台)미소를 장려했다고 전해지고 있습니다.

일본은 근래 들어 아침식사로 빵을 먹는 사람이 많아지면서 인스턴트 된장국이나 감칠맛을 가미한 된장을 개발해서 된장을 많이 먹게 하려는 노력을 계속하고 있습니다. 전국 각지의 향토 된장을 국만이 아닌 다른 요리도 만들어 보세요. 된장은 다른 재료에 약간만 넣어줘도 부드럽고 깊이가 있는 요리로 다시 태어납니다.

사용법

된장국 이외에도 다른 요리의 맛을 더해주는 용도로 이용하거나 생선이나 고기의 절임, 볶음 등에 사용합니다. 버터, 마요네즈, 우유와 함께 조리하면 양식 요리에도 어울려요.

조리 효과

- 요리의 맛을 돋우는 역할을 합니다. 요리에 부드러운 맛, 진한 맛, 독특한 감칠맛, 깊이를 더합니다.
- 냄새 제거 효과. 특히 생선의 비린내를 없애는 효과가 있습니다. 고등어 된장 조림이 대표적이에요.

보관방법

공기가 닿지 않도록 냉장보관합니다. 여러 종류의 된장을 하나의 밀폐용기에 보관할 때는 다시마를 이용해서 구별해주세요. 맛도 더 좋아지는 효과를 얻을 수 있어요.

가장 대표적인 조림,
매콤달콤한 밥반찬

고등어 된장 조림의 기본

배합(고등어 1마리 분량, 약 700g)

조미료
- 된장 4~5큰술
- 설탕 1.5~2큰술
- 청주 1/2컵
- 미림 4~5큰술

조미액
- 물 1.5컵
- 채 썬 생강 껍질 1조각 분량

메모
열이 잘 전달되고 맛이 잘 스미도록 칼집을 내주면 보기에도 좋아요.

기본 레시피

재료(4인분)
고등어(2장 뜨기) 1마리 분량
위의 배합 조미료, 조미액
취향에 따라
쪽파, 백만송이버섯 적량씩

만드는 법
1 조미료 재료를 잘 섞는다.
2 2장 뜨기를 한 고등어를 각각 반으로 잘라서 껍질 쪽에 칼집을 두 군데 넣어준다.
3 볼에 2를 넣고 뜨거운 물을 끼얹은 후 흐르는 물에 씻어 물기를 닦는다.
4 프라이팬에 배합의 조미액을 넣고 조미료는 분량의 절반만 넣어 가열한다. 끓기 시작하면 3을 프라이팬에 나열하고 조림용 뚜껑을 얹어 중불로 10분간 조린다.
5 좋아하는 채소과 남은 조미료를 넣고 국물을 끼얹어가며 3분 정도 조린다.

산초로 매운맛을 살린

산초 고등어 된장 조림

배합(고등어 1마리 분량)
된장 1.5큰술
간장 1큰술
설탕 2큰술
청주 1/2컵
얇게 썬 생강 1조각 분량
산초열매 약간
물 1/2컵

만드는 법
된장은 반을 남기고 다른 재료를 모두 넣고 끓기 시작하면 고등어를 넣고 계속 끓여준다. 남은 된장 절반은 나중에 넣는다.

달고 진한 맛

고등어 핫쵸미소 조림

배합(고등어 1마리 분량)

조미료
- 핫쵸미소 4큰술
- 미림 4큰술
- 간장 2큰술

조미액
- 청주 4큰술
- 설탕 4큰술
- 얇게 썬 생강 2조각 분량
- 맛국물 1컵

만드는 법
조미액을 끓이다가 고등어를 넣고 계속 끓인다. 여기에 조미료를 넣고 2~3분 정도 더 조린다.

참깨로 깊이를 더한

참깨 고등어 된장 조림

배합(고등어 1마리 분량)
미림 6큰술
간장 3큰술
된장 3큰술
참깨 4큰술
설탕 2큰술
물 3컵

만드는 법
모든 조미료와 물을 넣고 끓기 시작하면 고등어를 넣고 조린다.

개운한 맛의

매실 고등어 된장 조림

배합(고등어 1마리 분량)
매실장아찌(씨 빼고 잘게 다진) 4개
물 2컵
청주 1컵
미림 1컵
설탕 4큰술
된장 8큰술

만드는 법
된장은 분량의 반만, 다른 재료를 모두 넣고 끓기 시작하면 고등어를 넣고 계속 끓여준다. 남은 된장 절반은 나중에 넣는다.

다양한 고등어된장조림

고등어된장조림은 기후에 따라 즐겨보세요. 더운 날에는 매실장아찌를 넣어 개운한 맛을 즐기고 추운 날에는 참깨를 넣어 농후한 맛으로 먹는 건 어떨까요? 가지나 버섯을 함께 조리면 계절감을 느낄 수 있답니다.

추운 날

더운 날

일본식 삶은 무조림
무조림의 기본

재료(4인분)
무 1/2개
다시마 10cm
청주 1/4컵
좋아하는 종류를 섞은 된장

만드는 법
1 무는 3cm 두께로 통썰기를 해서 껍질을 두껍게 벗긴 후 십자 모양의 칼집을 낸다.
2 냄비에 1, 다시마, 청주를 넣고 재료가 잠길 정도만 물을 붓고 약불로 50분 정도 끓인다.
3 국물 없이 무만 꺼내서 그릇에 담고 된장을 얹어준다.

전자레인지로 빠르고 간단하게
고기 된장 무조림

배합(무 1/2개 분량)
다진 고기 200g
된장 5큰술
설탕 4큰술
청주 2큰술

만드는 법
모든 재료를 잘 섞은 다음 랩을 씌워서 전자레인지에 4분 동안 가열한다. 꺼내서 잘 섞어준 후 이번에는 랩을 씌우지 않고 전자레인지에 3분 정도 가열한다.

참깨의 풍미로 농후하게
참깨 붉은 된장 무조림

배합(무 1/2개 분량)
붉은 된장 100g
맛국물 3큰술
설탕 3큰술
참깨페이스트 1큰술

만드는 법
작은 냄비에 모든 재료를 넣고 약불로 걸쭉해질 때까지 저어가며 끓인다.

당근이나 곤약을 넣은
된장 내장조림

배합(돼지고기 내장 400g, 무 1/2개 분량)
맛국물 5컵
된장 130~150g
청주 2큰술

만드는 법
냄비에 맛국물을 넣고 깨끗이 손질한 내장과 무를 넣고 끓인다. 재료가 익으면 된장과 청주를 넣고 살짝 조린다.

잡내를 줄여주는 된장조림
참깨 된장 내장조림

배합(돼지고기 내장 400g, 무 1/2개 분량)
조미료
된장 3큰술
청주 5큰술
으깬 검은깨 2큰술
미림 2큰술
간장 1큰술
시치미 1/3작은술

조미액
물 5컵
청주 3큰술
얇게 썬 마늘 4톨 분량
얇게 썬 생강 1조각 분량

만드는 법
조미액에 내장 등의 재료를 넣고 끓인 후 조미료를 넣고 오랫동안 천천히 조린다.

나고야 명물 내장조림
도테 조림
(土手, 소의 힘줄을 된장 국물로 조린 요리)

배합(돼지고기 내장 400g, 무 1/2개 분량)
조미료
붉은 된장 100g
흑설탕 60g
얇게 썬 생강(대) 1조각 분량

조미액
술 1/2컵
물 1.5컵

만드는 법
조미액에 내장 등의 재료를 넣고 불을 켜서 익으면 조미료를 넣고 오랫동안 천천히 조린다.

내장의 노린내를 없애려면
돼지고기 내장은 주로 삶은 것을 팔고 있지만 노린 냄새가 싫으면 미지근한 물에 주물러서 씻은 다음 사용해주세요. 조미액에 생강을 많이 넣고 조리면 맛있답니다.

생강

소 힘줄도 내장조림으로
돼지고기 내장 이외에도 살짝 삶은 소 힘줄도 잘만 조리면 맛있게 만들 수 있습니다. 청주와 함께 레드와인 1/4컵을 넣어 맛을 살려주고, 된장의 양을 반으로 줄이고 간장으로 간을 해주세요

구이

밥도둑!

사이쿄미소 구이의 기본

배합(만들기 편한 분량)

양념

사이쿄미소 100g
청주 2큰술
설탕 1큰술

메모

삼치나 도미 같은 흰살생선 이외에도 돼지고기나 닭고기에도 잘 어울립니다. 특히 사과 양념된장은 고기와 궁합이 잘 맞고 절여진 사과도 구워 요리에 곁들이면 좋아요.

기본 레시피

재료(4인분)

삼치(4토막)
위의 배합 양념
소금 1/2작은술
식용유, 미림 약간

만드는 법

1. 삼치는 소금에 30분간 절인다. 물기를 닦고 섞어둔 양념에 3일 정도 재운다.
2. 삼치에 묻은 양념을 물로 씻고 물기를 닦아 낸다.
3. 알루미늄 호일에 식용유를 얇게 발라서 2를 얹고 그릴에서 8분 정도 굽는다. 다 구워지면 솔로 미림을 바른다.

재워도 좋고 볶아도 맛있는

양파 양념 된장

배합(만들기 편한 분량)

다진 양파 1개 분량
된장 180~200g

만드는 법

재료를 잘 섞어서 약 1시간 동안 맛이 어우러지게 둔다. 돼지고기나 청새치에 발라 굽는다.

사과의 자연스러운 단맛이 좋은

사과 양념 된장

배합(만들기 편한 분량)

된장 1컵
술지게미 1컵
사과(강판에 간 것) 1/2개 분량
얇게 썬 사과 1/2개 분량
청주 1/4컵

만드는 법

재료를 잘 섞어서 약 1시간 동안 맛이 어우러지게 둔다. 돼지고기나 닭고기에 발라서 굽는다.

시큼달큼한 싱그러운 맛

매실 양념 된장

배합(만들기 편한 분량)

된장 100g
설탕 80g
미림 5큰술
다진 매실장아찌 2작은술

만드는 법

내열 용기에 다진 매실장아찌 이외의 재료를 넣고 잘 섞는다. 랩을 씌우지 않고 전자레인지에서 1분 동안 가열한 후 섞어준다. 이 과정을 3번 반복한다. 완전히 식으면 다진 매실장아찌를 넣고 섞는다. 도미와 같은 흰살생선을 재웠다가 굽는다.

달지 않은 음식이 먹고 싶을 때

생강 양념 된장

배합(만들기 편한 분량)

된장 1컵
미림 1/2컵
청주 1/2~2/3컵
생강즙(대) 1/2작은술

만드는 법

재료를 잘 섞어서 약 1시간 동안 맛이 어우러지게 둔다. 해산물을 재웠다가 굽는다.

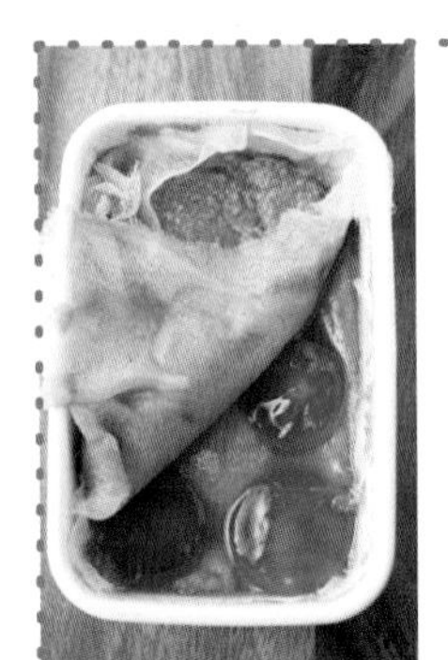

거북껍질 달걀

재료

달걀 4개
좋아하는 된장 500g
미림 5와1/3큰술

만드는 법

1. 온천 달걀을 만든다(70℃의 물을 넣은 포트에 달걀을 넣고 40분 정도 둔다).
2. 달걀흰자를 분리해서 노른자만 따로 꺼낸다.
3. 보관 용기에 된장과 미림을 섞고 절반을 덜어낸다. 거즈를 깔고 거즈 위로 4군데를 움푹하게 만들어 준 후 2를 얹는다.
4. 3 위에 다시 거즈를 얹고 덜어 놓은 절반의 된장을 바른다. 냉장고에 2일 정도 둔다.

간편하게 만드는 연어철판구이

찬찬야키 만드는 법

재료(4인분)

생연어 3토막
양배추 1/4개
양파 1개
표고버섯 3개
청주 1큰술
소금 1/3작은술
식용유 2작은술
위의 배합 소스

만드는 법

1. 연어에 청주와 소금을 뿌려서 10분 동안 재워둔다.
2. 채소는 먹기 좋은 크기로 자른다.
3. 식용유를 두른 프라이팬에 1의 물기를 닦아 넣어 양면을 노릇하게 구운 후 프라이팬에서 꺼낸다.
4. 같은 프라이팬에서 2를 넣고 가볍게 볶은 다음 3을 다시 넣는다. 미리 섞어놓은 소스를 전체적으로 뿌린다. 바로 뚜껑을 닫아 채소가 익을 때까지 찐다.
5. 뚜껑을 열고 연어는 뼈를 바르고 살만 채소와 섞어가며 볶는다.

훗카이도(北海道) 향토 요리

연어 찬찬야키

배합(4인분)

소스

된장 3큰술
청주 2큰술
미림 1큰술
설탕 1큰술
간장 1작은술
버터 2큰술

만드는 법

모든 조미료를 잘 섞는다. 기본 레시피를 참고해서 찬찬야키를 만든다.

히다다카야마(飛騨高山)의 향토 요리

호바 된장

배합(만들기 편한 분량)

된장 2큰술
미림 2작은술
설탕 1작은술
참기름 1/2작은술

만드는 법

모든 재료를 잘 섞는다. 파나 표고버섯을 잘게 썰어서 넣고 호바(팽나무) 잎 위에 얹어 굽는다.

호바 된장

기후(岐阜), 고치(高知)의 향토음식으로 건조한 팽나무의 잎에 파나 생강을 섞은 된장을 두껍게 발라 숯불에 굽습니다. 잎의 향이 된장에 옮겨져서 고소한 맛이 나요.

치즈와 잘 어울리는 뜻밖의 맛

된장 미트 그라탱 소스

배합(만들기 편한 분량)

다진 돼지고기 300g
된장 4큰술
미림 2큰술
다진 마늘 2톨 분량
다진 파 10cm 분량
참기름 2큰술

만드는 법

참기름을 두른 마늘, 파, 다진 고기를 볶는다. 된장, 미림, 그리고 약간의 물을 넣고 볶아 소스를 만든다.

폭신하고 부드러운 우유 맛

참마 된장 그라탱 소스

배합(만들기 편한 분량)

참마(강판에 간 것) 400g
된장 4큰술
달걀 4개

만드는 법

모든 재료를 잘 섞는다.

된장 그라탱 만드는 법

재료

좋아하는 재료(된장 미트 그라탱 소스에는 두부와 참마, 참마 된장 그라탱 소스에는 파와 햄이 어울린다)
위의 배합 중 좋아하는 그라탱 소스
좋아하는 피자용 치즈

만드는 법

재료는 먹기 좋은 크기로 자른다. 채소류는 살짝 볶아 놓는다. 그라탱 그릇에 재료를 넣은 후 그라탱 소스를 끼얹고 좋아하는 치즈를 올려 오븐에 굽는다.

볶음

양배추의 단맛에 어울리는 매운맛

돼지고기볶음의 기본

배합(돼지고기 200g + 양배추 300g 분량)

소스

된장 25g
청주 2큰술
설탕 1큰술
간장 1큰술
다진 마늘 1톨 분량
다진 생강 1조각 분량
잘게 썬 홍고추 1개 분량
식용유 1/2큰술

기본 레시피

재료

돼지고기(삼겹살 얇게 썬 것) 200g
양배추 300g
피망 2개
파 1/2개
소금 약간
식용유 2큰술
참기름 2작은술
위의 배합 소스

만드는 법

1. 프라이팬에 배합 소스의 식용유를 넣어 달군다. 소스의 마늘, 생강, 홍고추를 넣어 볶다가 향이 나면 불을 끄고 소스의 조미료를 넣고 섞는다.
2. 돼지고기와 채소는 먹기 좋은 크기로 자른다.
3. 식용유 분량의 1/2과 소금을 넣은 중화팬에 채소를 볶은 다음 팬에서 꺼낸다.
4. 남은 식용유를 넣고 돼지고기를 풀어가면서 볶다가 배합 소스를 넣는다.
5. 3을 넣어 살짝 볶은 후 참기름을 뿌려낸다.

마파두부의 기본

재료

두부 1모
다진 돼지고기 150g
부추 20g
식용유 1.5큰술
왼쪽 배합 소스 중 좋아하는 소스
(사진은 정통 마파두부)

기본 레시피

만드는 법

1. 두부는 물기를 빼서 가로세로 2cm 크기로 자르고 부추는 잘게 썬다.
2. 식용유를 두른 프라이팬에 배합의 마파장을 볶는다(A). 향이 나기 시작하면 다진 고기를 볶다 배합의 조미료(B)를 넣는다.
3. 조미액(C)을 넣고 끓기 시작하면 배합의 물전분(D)을 넣는다.
4. 두부와 부추를 넣고 한 번 끓어오르면 마무리 양념을 한다.

서양식

토마토 마파두부

배합(만들기 편한 분량)

마파장

마늘즙 1/2작은술
양파즙 3큰술
홍고추(찢은 것) 1개

조미료

토마토케첩 3큰술
소금 1/2작은술
후추 적량

조미액

토마토

마무리 양념

치즈 가루

만드는 법

마파두부의 기본 레시피를 참고한다. 마파장을 A, 조미료를 B, 조미액 대신에 큼직하게 썬 토마토를 C에 넣는다. 마무리로 치즈 가루를 뿌린다.

두반장과 산초로 만든

정통 마파두부

배합(두부 1모 분량)

마파장(A)

다진 마늘 1톨 분량
다진 생강 1조각 분량
다진 파 1/2개 분량
두반장 1작은술
다진 콩(豆豉, Glycinemax) 1큰술

조미료(B)

간장 1큰술

조미액(C)

닭고기 육수 1컵

물전분(D)

전분가루 1.5큰술
물 1.5큰술

마무리 양념

산초가루 약간

만드는 법

마파두부의 기본 레시피를 참고한다.

맵지 않아 아이들도 먹기 좋은

달콤한 마파두부

배합(두부 1모)조미료

핫쵸미소 2큰술
미림 2큰술
두반장 1큰술
설탕 1작은술
다진 생강 20g

조미액

닭고기 육수 1/2컵

물전분

전분가루 1큰술
물 2큰술

만드는 법

마파두부의 기본 레시피를 참고한다. 조미료를 B, 조미액을 C, 물전분을 D에 넣는다.

가지 된장 볶음

나베시기의 기본

※나베시기의 우리말은 도요새 전골이다. 가지 꼭지가 도요새 머리모양과 닮아서 이름 지어졌다는 설이 있다.

배합(가지 4개 분량)

조미료(A)
- 잘게 썬 홍고추 2개 분량
- 청주 3큰술
- 미림 2큰술
- 설탕 2큰술
- 간장 2작은술
- 된장 2작은술
- 참기름 1작은술

된장(B)
- 된장 2작은술

기본 레시피

재료(4인분)

가지 4개
배합 조미료, 된장(사진은 기본요리)
식용유 1큰술

만드는 법

1. 참기름을 두른 프라이팬에 홍고추를 볶은 후 남은 조미료 재료를 넣고 끓인다.
2. 가지는 꼭지를 자르고 껍질을 세로 줄무늬가 남도록 듬성듬성 벗긴 다음 크게 잘라서 물에 넣어 둔다.
3. 식용유를 두른 프라이팬에 물기를 닦은 가지를 넣어 부드럽게 볶은 후 1의 조미료(A)를 넣는다.
4. 된장(B)을 넣고 정성껏 섞어준다. 된장이 잘 섞이지 않으면 물 1큰술을 넣고 섞는다.

생강으로 된장 맛을 개운하게

생강나베시기

배합(가지 5개 분량)

조미료
- 간장 1/2큰술
- 생강즙 2작은술

된장
- 된장 1.5큰술
- 설탕 2큰술

만드는 법

나베시기의 기본 레시피를 참고한다. 조미료를 A에 넣고 된장을 B에 넣는다.

튀김에 된장 소스를?

튀김에 된장 소스는 우리나라에서는 별로 익숙하지 않은 조합이지만 나고야에서는 친숙한 메뉴입니다.

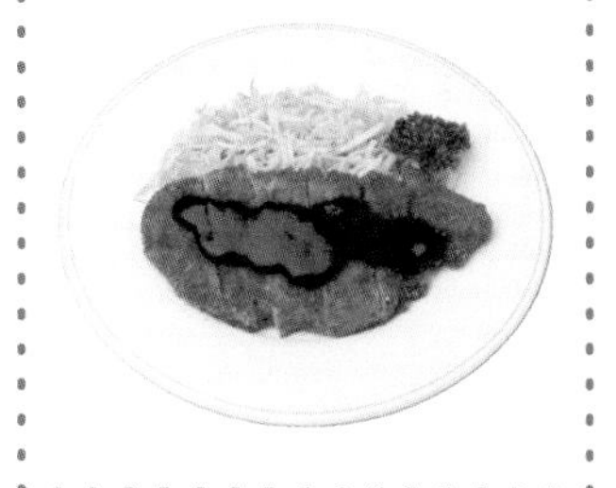

튀김

해산물에 잘 어울리는

된장 마요네즈 소스

배합(만들기 편한 분량)

된장 3큰술
마요네즈 3큰술
설탕 3큰술
청주 2큰술
맛국물 2큰술
간장 약간

만드는 법

모든 재료를 잘 섞는다.

나고야의 진미

된장 돈가스 소스

배합(만들기 편한 분량)

핫쵸미소 6큰술
맛국물 6큰술
설탕 2큰술
청주 2큰술

만드는 법

냄비에 모든 재료를 넣고 약한 불로 섞어가면서 끓여준다.

파의 아삭한 식감

파 된장

배합(만들기 편한 분량)

크게 다진 파 1대 분량
볶은 된장 적량

만드는 법

재료를 잘 섞는다. 먹기 직전에 만들어야 맛있다.

다양한 된장국

맛국물에 재료를 넣어 끓인 후 된장을 넣어주는 것이 된장국의 기본 조리법입니다. 일반적으로 일본식 된장은 넣은 후 따뜻하게 데우는 정도로 펄펄 끓이지는 않습니다. 하지만 일본식 된장을 넣고 나서 끓이는 된장국도 있으며, 그 외에도 맛국물이 필요 없는 된장국 등 재료에 따라 다양한 조리법이 있답니다.

건더기가 많은

돈지루

(豚汁, 돼지고기와 야채를 넣고 끓인 일본식 된장국)

재료(4인분)

돼지고기(삼겹살 얇게 썰은 것) 200g
우엉 1/2개
감자 1개
곤약 1장
당근, 무 3cm씩
맛국물 4.5컵
된장 4큰술
식용유 1/2큰술
잘게 썬 쪽파 적량

만드는 법

1. 재료는 먹기 좋은 크기로 자른다.
2. 식용유를 두른 냄비에 돼지고기를 볶은 후 맛국물을 붓고 된장과 쪽파 이외의 재료를 넣고 채소가 부드러워질 때까지 끓인다.
3. 채소가 익으면 국물을 조금 꺼내 된장을 풀어 넣고 한 번 끓인다. 그릇에 담고 쪽파를 뿌린다.

맛국물 없이 바지락만으로 맛을 낸

바지락국

재료(4인분)

바지락 300g
파 1/4개
된장 3큰술

만드는 법

1. 바지락은 해감해서 잘 씻고 파는 잘게 썰어놓는다.
2. 냄비에 물 3컵과 바지락을 넣고 끓인다. 바지락이 입을 벌리면 기품을 걷어낸다.
3. 국물을 조금 떠내서 된장을 풀어 넣고 다시 한소끔 끓인다. 그릇에 담아 파를 얹는다.

된장을 살짝만 끓이는

마국

재료(4인분)

마 120g
두부 1모
파 1개
맛국물 4컵
된장 4큰술

만드는 법

1. 마는 껍질을 벗겨 강판에 간다. 두부는 8조각으로 자르고 파는 어슷썰기를 한다.
2. 냄비에 맛국물을 넣고 끓기 시작하면 1의 두부와 파를 넣는다. 재료가 익으면 된장을 풀어서 넣는다. 불을 약하게 줄이고 갈아 놓은 마를 숟가락으로 떠서 넣어 2~3분 더 끓인다.

맛이 서로 어울리는 재료들

재료를 신경 써서 준비하지 않으면 매일 먹던 된장국만 또 만들게 됩니다. 계절과 반찬, 냉장고에 남아있는 재료에 따라 다양한 된장국을 시도해보세요. 다음과 같은 재료들로 구성하면 서로 잘 어울립니다.

구운 가지 + 시소

석쇠에 구워서 껍질을 벗긴 가지와 풍성한 시소, 연겨자를 그릇에 담고 약간의 청주와 된장으로 간을 한 맛국물을 부어주세요.

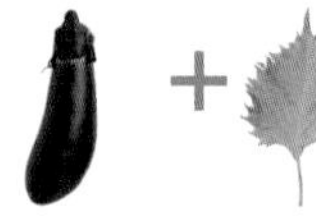

오크라 + 낫토

진득한 재질의 두 가지 재료로 낫토는 한 번만 끓여주는 정도가 좋고 오크라는 살짝 데쳐줍니다. 마무리로 으깬 참깨를 뿌려주면 맛이 더 좋아진답니다.

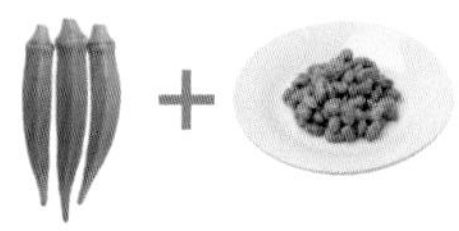

연어 + 뿌리채소

소금에 절인 연어와 뿌리채소의 조합은 겨울에 먹으면 좋아요. 청주를 마지막에 조금 넣어주면 맛있습니다.

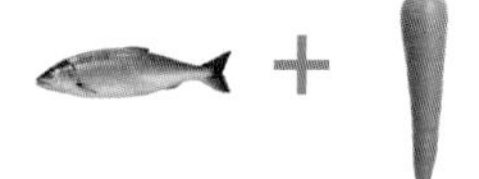

닭 날개 + 고구마 = 돈지루의 응용

돈지루에 들어가는 감자와 돼지고기를 고구마와 닭 날개로 바꿔서 만들어도 맛있습니다. 단맛을 더해주고 싶다면 미림을 넣어주세요.

도테나베 만드는 법

(土手なべ, 조개류와 채소를 넣어 된장으로 맛을 낸 냄비요리)

재료(4인분)
굴 40개
소금 적량
두부 2모
배합의 양념된장

만드는 법
1 굴은 소금물에 씻고 두부는 먹고 좋은 크기로 자른다.
2 된장을 질그릇 냄비의 가장자리에 바르고 굴과 두부를 넣어 약불에서 끓인다.

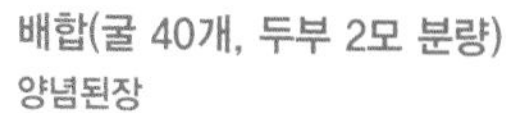

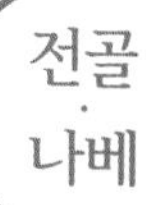

배합(굴 40개, 두부 2모 분량)
양념된장
붉은 된장 100g
흰 된장 50g
설탕 4큰술
청주(알코올을 날린 것) 1/2컵
달걀노른자 1개 분량

만드는 법
모든 재료를 잘 섞어서 질그릇 냄비의 가장자리에 발라놓는다.

우유와 된장의 환상 궁합, 홋카이도 향토음식

간단 이시카리나베

(石狩なべ, 연어를 넣어 맛을 낸 냄비요리)

배합
(생연어 3토막, 양배추 1/2개, 감자 3개, 양파 1개 분량)
콩소메 수프 3개
우유 3컵
된장 큰술
굵은 후추 적량
버터 적량

만드는 법
재료는 먹기 좋은 크기로 잘라 콩소메 수프에 넣고 끓인다. 재료가 익으면 그 외에 조미료를 넣고 다시 데운다.

건더기가 많은 요리에 심플한 맛간장

된장 잔코나베

배합(4인분)
맛국물 4~6컵
된장 6~8큰술
청주 1/2컵

만드는 법
냄비에 맛국물을 넣고 끓기 시작하면 남은 재료를 넣고 간을 한다. 닭고기, 유부, 배추, 당근 등 좋아하는 재료를 넣는다.

누타의 기본 (ぬた, 채소, 해산물, 해초류 등을 식초와 된장으로 무치는 일본의 향토 요리)

무침

기본 레시피

재료
쪽파 1단
참치의 붉은살 150g
염장미역 40g
왼쪽 배합의 초 된장

만드는 법
1 참치는 얇게 편 썰고 쪽파는 데쳐 헹군 후 4cm 길이로 자른다. 미역은 물에 넣어 불린 다음 물기를 닦고 큼직하게 잘라준다.
2 볼에 초 된장을 넣고 1을 넣어 버무린다.

파에 어울리는 단맛의 초 된장

누타 초 된장

배합(4인분)
된장 5큰술
설탕 2큰술
식초 2큰술

만드는 법
모든 재료를 잘 섞는다.

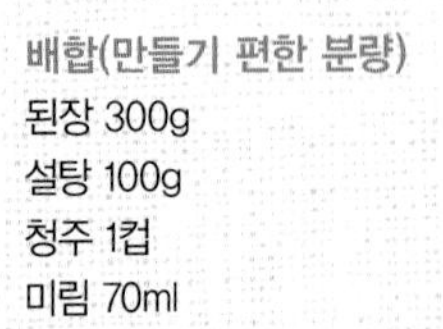

추운 겨울날 뜨거운 된장으로 따뜻하게

두부 산적의 기본

배합(만들기 편한 분량)
된장 300g
설탕 100g
청주 1컵
미림 70ml

만드는 법
냄비에 순서대로 재료를 넣고 섞는다. 완전히 섞이면 중불로 맞추고 주걱으로 타지 않도록 계속 저어가면서 된장의 원래 재질이 될 때까지 10~15분 정도 가열한다.

기본 레시피

재료(4인분)
두부 2모
좋아하는 두부 산적 양념된장

만드는 법
1 두부는 무거운 물건을 올려놓고 두께가 2/3이 될 때까지 물기를 뺀 다음 4등분 한다.
2 두부산적에 1을 꽂아 좋아하는 양념된장을 발라 균일하게 펴준다.
3 그릴에 2를 놓고 표면이 노릇해질 때까지 굽는다.

기품 있는 단맛

달걀 된장

배합(만들기 편한 분량)
흰 된장 200g
달걀노른자 1/2개 분량
미림 1큰술
청주 1큰술

만드는 법
모든 재료를 잘 섞어서 약불에서 반죽한다.

달걀 된장은 기본 재료로

달걀 된장은 배합 된장을 만들 때 기본 된장으로 이용하면 좋아요. 달걀 된장에 파, 산초 새싹, 연겨자 등의 재료를 반죽해서 넣으면 재료의 색이 선명하게 보이는 장점이 있습니다. 유자 된장은 여름에는 초록 유자, 겨울에는 노란 유자로 만들어보세요.

단맛을 줄인 깔끔한 맛

파 된장

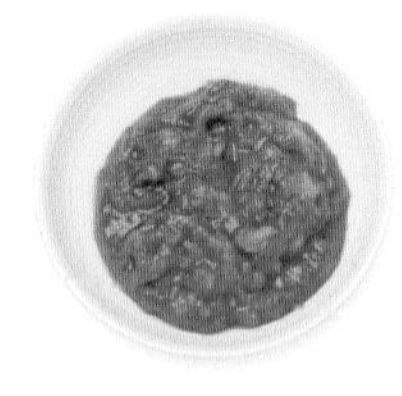

배합 (만들기 편한 분량)
다진 파 8 큰술
된장 6 큰술
청주 2 큰술
가쓰오부시 가루 4g

만드는 법
모든 재료를 작은 냄비에 넣고 잘 섞어 약불에서 반죽한다.

달걀 된장을 응용한

유자 된장

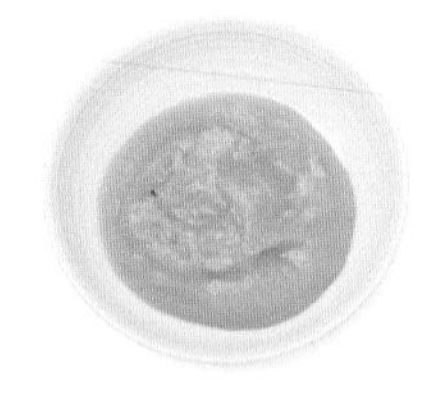

배합(만들기 편한 분량)
달걀 된장(만드는 법 위의 내용 참고) 100g
유자 껍질 적량

만드는 법
달걀 된장에 유자 껍질을 갈아서 넣고 섞어가며 반죽한다.

두부산적 양념된장의 응용

두부산적 양념된장 + 산초
삶은 곤약에 어울려요. 맵고 자극적이면서 싱그러운 맛이 납니다.

두부산적 양념된장 + 마요네즈
술로 찐 새우와 조개류에 어울리는 부드러운 맛입니다.

두부산적 양념된장 + 마늘
닭고기에 어울립니다. 구우면 고소한 향이 나며 삶은 닭에도 잘 어울려요.

미림, 청주, 설탕

15 mL 1 TABLESPOON

Mirim, Sake, Sugar

미림, 청주

역할이 서로 달라요

미림과 청주의 차이는 미림은 재료의 특성을 응축시키고 청주는 풀어주는 역할을 한다는 점입니다. 돼지고기의 통삼겹 조림의 경우, 청주로 조리고 마지막에 윤기를 주기 위해 미림을 넣어줍니다.

식염상당량
0g/100g

원재료 소주 쌀누룩 찹쌀

미림

정통 미림은 찹쌀과 소주, 누룩을 발효, 숙성해서 만듭니다.

찹쌀

단맛을 내고 싶으면 미림

미림은 설탕 단맛의 1/3 정도이며, 고급스러운 단맛이 납니다. 음식의 단맛을 줄이고 싶을 때 설탕 대신 사용하면 좋아요.

일본 요리의 단맛은 미림에서

단맛이 나는 음식이 많은 일본 요리는 설탕으로 간을 하는 것이 아니라 대부분 미림으로 간을 합니다. 설탕의 단성분이 자당에서만 나오는 것에 비해 미림은 포도당 등 여러 가지의 당분을 포함하고 있어서 맛이 진하고 부드러우며 깊이 있는 단맛을 만들어 줍니다.

미림은 원재료가 찹쌀, 쌀누룩, 소주로 단맛이 나는 술이라고 할 수 있지만 가열하면 알코올 성분이 날아가 취하지는 않습니다.

청주도 소중한 조미료

일본의 대표적인 술인 청주를 포함해서 세계 각지에는 '술'로 불리는 음료가 있습니다. 이런 술은 각국에서 요리의 조미료로도 사용합니다. 청주는 쌀과 쌀누룩이 원료라서 쌀을 주식으로 하는 일본 요리와도 궁합이 잘 맞으며 맛에 부드러움과 감칠맛을 더해줍니다.

정미 비율이나 향에 따라 여러 종류로 나눌 수 있지만, 비싼 긴죠슈(吟醸酒)를 사용한다고 해서 반드시 요리가 맛있어진다는 보장은 없습니다. 알코올 성분이 걱정되면 한 번 끓여 알코올을 날린 후 사용하세요. 술의 향을 살리고 싶다면 가열하기 전에 재료를 재워놓거나 불을 끄기 직전에 뿌려주면 좋습니다.

마시는 조미료?

미림의 기원설은 두 가지가 있습니다. 하나는 센고쿠시대에 중국에서 밀림(密

미림

쌀과 소주로 만들어진 조미료로 알코올 성분이 16% 정도입니다.

미림 느낌의 조미료

당류나 감칠맛 조미료를 섞은 것으로 알코올 성분이 1% 이하입니다.

요리술

조리용으로 원료와 성분을 조절한 술입니다. 염분이 첨가된 것도 있습니다.

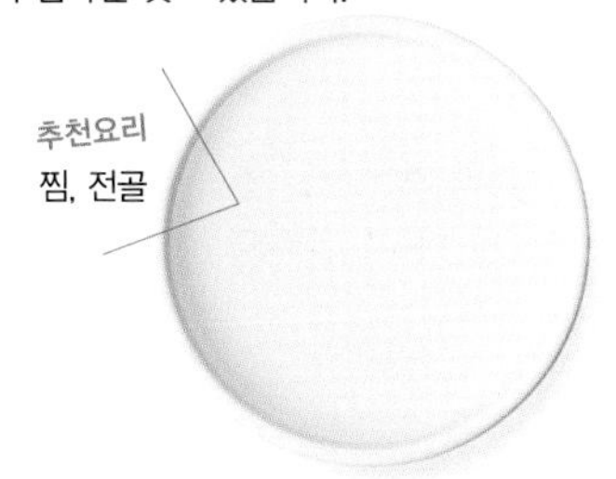

청주

다른 맛이 나지 않아 요리에 따라 맛이 부족하다고 느낄 수도 있습니다.

와인

식재료의 냄새를 억제하고 요리에 풍미를 더해줍니다. 고기요리에는 레드와인, 생선요리에는 화이트와인을 사용하면 좋아요.

고르는 법과 종류

외형이나 이름이 같더라도 원료나 제법이 크게 다르고 맛도 다릅니다. 각각의 특성을 이해해 사용하세요.

淋)이라는 단맛의 술이 전해졌다는 설이고, 다른 하나는 일본에 오래전부터 있었던 감주(甘酒), 백주(白酒), 진득한 네리주(練酒)에 부패방지를 위해 소주를 넣어 만들어졌다는 설입니다. 어느 쪽이든 마시는 음료가 조미료가 되었다 점은 같습니다. 에도시대 중기부터는 메밀국수나 장어꼬치구이의 소스에 사용하는 조미료로도 사용하기 시작했습니다.

청주는 중국에서 기원전 7,000년 정도의 유적에서 양조주(釀造酒) 성분이 발견되어 이것이 고고학적으로 가장 오래된 술로 알려져 있습니다. 일본의 술은 헤이안시대(平安時代, 794~1185/1192)부터 에도시대에 걸쳐서 다양한 양조법 기술이 개발되어 현재에 이르렀습니다.

사용법

미림은 단호박찜이나 데리야키에 사용하고 메밀국수나 우동 국물에 넣는 등 단맛을 내는 역할뿐만 아니라 다양하게 만능 조미료 역할을 합니다. 청주는 풍미를 더해주고 고기나 생선 냄새를 없애주며 무를 절일 때도 사용합니다.

조리 효과

공통효과

- 재료에 맛이 잘 들게 해요.
- 비린내를 없애요.
- 깊이와 감칠맛을 더해줍니다.

미림

- 고급스럽고 부드러운 단맛을 내줍니다.
- 재료에 매끈한 윤기를 만들어줘요.
- 재료를 응축시켜 부서지지 않게 해줍니다.

청주

- 재료를 부드럽게 합니다.
- 보존성을 높여요.

보관방법

미림, 청주는 모두 그늘지고 서늘한 곳에 보관하며 개봉한 후에는 될수록 빨리 사용해주세요. 미림과 같은 조미료는 개봉한 후 냉장보관하는 것이 좋아요.

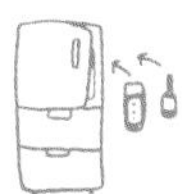

설탕

단맛 이야기

설탕의 단맛은 사탕수수에 포함된 단성분이 결정화한 것으로 몸에 흡수가 잘 되고 바로 에너지원이 되어 피로회복 효과가 있습니다.

전 세계 설탕의 70% 이상이 사탕수수를 원료로 만들어 집니다.

설탕

현재 일본인의 하루 설탕 소비량은 약 50g, 미국은 87g, EU는 100g, 한국은 100g을 웃도는 상황입니다. 사람은 단맛이 강한 음식을 좋아하는 걸까요?

다양한 종류

피곤할 때나 사고력과 집중력이 떨어질 때 달콤한 음식이 먹고 싶은 이유는 뇌의 에너지원인 포도당이 부족하기 때문입니다. 그럴 때 설탕을 먹으면 소화흡수가 빠르기 때문에 기분이 좋아지면서 집중에 도움이 됩니다.

그 단맛을 형성하는 설탕의 종류는 실로 풍부하며 단맛뿐 아니라 간장이나 식초 등 다른 조미료와 합치면 더욱더 다양한 맛을 만들 수 있습니다. 또한 일본 요리에서는 소량을 넣어 맛을 살리는 용도로 사용하기도 합니다.

종류에 따라

설탕은 원료인 사탕수수에 함유된 자당을 유출해서 결정으로 만든 것입니다. 이 제조 공정의 차이에 따라서 종류가 달라지므로 종류에 따른 특성을 파악해서 사용하면 좋습니다. 어떤 종류를 선택하는지에 따라 요리와 과자의 맛이 다양하게 변합니다.

예를 들어 모든 요리에 어울리는 것이 백설탕(상백당), 흑설탕은 오키나와의 돼지고기 요리인 라후테와 같은 조림요리의 맛을 진하게 해줍니다. 황설탕(삼온당)은 캐러멜의 독특한 풍미가 된장이나 조림요리인 쓰쿠다니(佃煮)에 어울립니다. 굵은 설탕은 입자가 커서 잘 녹지 않으므로 조리 시간이 긴 요리를 할 때 사용합니다. 일본 전통 과자인 가린토는 흑설탕을, 양과자는 향이 없는 그라뉴당이나 가루 설탕을 씁니다. 용도에 따라 설탕을 구분해서 쓰면 요리에 제맛을 낼 수 있습니다.

백설탕

가장 일반적으로 사용하는 설탕. 결정이 곱고 냄새와 향이 없습니다.

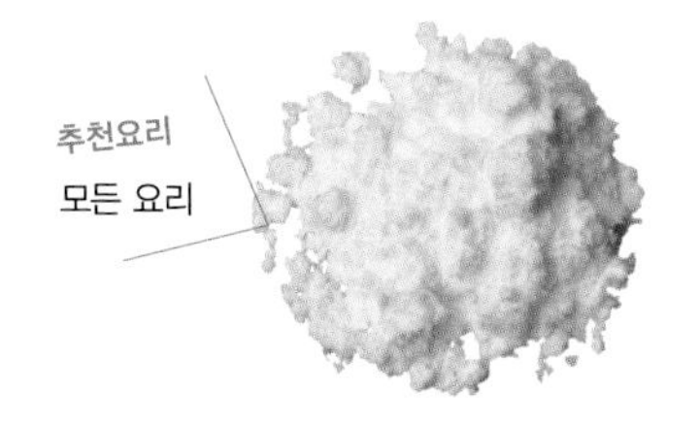

그라뉴당

재질이 보슬보슬 흩어지며 고급스러운 단맛이 납니다. 미국에서는 이 설탕을 주로 사용한다.

황설탕

가열을 반복해서 만드는 갈색을 띤 설탕. 단맛이 강합니다.

흑설탕

사탕수수를 짜낸 즙을 여과하지 않고 끓여서 졸인 것으로 미네랄이 풍부합니다.

굵은 설탕

갈색을 입힌 광택이 있는 설탕으로 색을 입히지 않은 백색의 굵은 설탕도 있습니다.

고르는 법과 종류

단맛의 강도와 색으로 구분합니다. 진한 맛을 원하면 색이 있는 설탕을 사용하고 산뜻한 맛을 원한다면 백설탕을 사용한다.

역사가 있는 일본 화과자

약 기원전 3,000년, 인도에서 제조된 설탕이 세계에서 가장 오래되었다고 합니다. 일본에서는 나라시대에 전해졌다는 설이 있으며 당초에는 귀중품인 의약품으로 사용되었습니다.

차를 마시는 습관이 생기면서 설탕을 재료로 한 화과자가 발달했고, 무로마치 바쿠후 8대 쇼군이 승려에게 설탕 양갱을 대접했다는 기록이 남아있습니다. 나중에 외국으로부터 카스테라, 별사탕과 같은 과자가 들어왔으며 에도시대에는 설탕 제조가 시작되었습니다.

근래에는 칼로리 제로, 저칼로리를 외치는 시대에 발맞춰 제조회사가 다이어트 감미료를 개발해서 판매하고 있습니다.

사용법

조미료를 넣는 순서인 '설탕→소금→식초→간장→된장'에서 제일 첫 번째 조미료입니다. 단맛을 내고 싶을 때 넣습니다. 입자가 크고 재료에 맛이 잘 들지 않아 소금보다 먼저 넣습니다.

조리 효과

- 수분을 유지하는 효과가 있어 고기에 주물러 간을 해주면 경화 방지작용을 합니다.
- 곰팡이나 세균의 번식을 막아줍니다. 잼, 양갱 등에 사용해주세요.

- 발효를 촉진합니다.
- 과일과 함께 넣고 조리면 끈적이는 효과가 있어 잼을 만들 때 사용합니다.
- 조리 시간에 따라 다양하게 변화합니다. 시럽, 캐러멜, 사탕 세공 등으로 활용해주세요.

보관방법

밀폐용기에 넣고 온도와 습도를 안정시킨 그늘지고 서늘한 곳에 보관합니다. 냄새가 강한 식품을 가까이 두지 말고 굳으면 스프레이로 수분을 넣어 하루 밤낮을 놔두세요.

서양식 디저트 소스

집에 있는 조미료만으로 만드는
캐러멜 소스

배합(만들기 편한 분량)
그라뉴당 70g
물 3큰술
뜨거운 물 2큰술

만드는 법
물에 섞어서 녹인 그라뉴당을 작은 냄비에 넣고 끓인다. 저어주지 말고 그대로 갈색으로 태워서 캐러멜 상태가 되도록 한다. 불에서 내린 다음 뜨거운 물을 넣어 풀어준다. 뜨거운 물을 넣을 때 튈 위험이 있으므로 주의한다.

그리운 옛맛
소금 버터 캐러멜 소스

배합(만들기 편한 분량)
생크림 150g
그라뉴당 90g
버터(무염) 5g
소금 1/2작은술
물 2큰술

만드는 법
물에 섞어서 녹인 그라뉴당을 작은 냄비에 넣고 끓인다. 저어주지 말고 황색으로 태운다. 생크림, 버터, 소금을 넣고 졸이면 캐러멜색이 된다.

과일에 곁들이면 훌륭한 디저트
커스터드 소스

배합(만들기 편한 분량)
달걀노른자 3개 분량
우유 180ml
그라뉴당 3큰술
럼주 1큰술

만드는 법
냄비에 달걀노른자, 그라뉴당을 넣어 섞은 후 우유를 넣고 다시 섞어준다. 약불에서 저어가면서 끓이다가 끈기가 생기면 불에서 내린다. 냄비를 찬물에 담가 열기가 다 없어질 때까지 잘 젓는다. 마지막에 럼주를 넣고 섞어준다.

캐러멜 푸딩 레시피

재료(직경 7cm 푸딩 6개 분량)
달걀(풀어 놓은 것) 4개 분량
우유 2와 3/4컵
그라뉴당 70g
바닐라 오일 약간
캐러멜 소스(만드는 법 위의 레시피 참고)

만드는 법
1. 캐러멜 소스를 6등분해서 푸딩 틀에 나눠 넣는다.
2. 작은 냄비에 우유와 그라뉴당, 바닐라 오일을 넣고 약불에서 가열하면서 설탕을 녹인다.
3. 풀어 놓은 달걀에 2를 넣어 섞은 다음 체에 거른다. 1의 푸딩 틀에 나눠서 넣는다.
4. 오븐 팬에 종이호일을 깔고 3을 나열한 다음 뜨거운 물을 푸딩 틀이 절반 정도 잠기도록 붓는다. 150℃로 예열한 오븐에 20분 정도 찐 다음 꺼내서 식힌다.

검은 조청을 응용한 일본식 소스
검은깨 캐러멜 소스

배합(만들기 편한 분량)
검은 조청
- 물 1컵
- 흑설탕 250g
- 백설탕 100g
- 물엿 60g
- 식초 1큰술

간 검은깨 검은 조청의 1/3

만드는 법
검은 조청의 재료를 전부 합쳐서 열을 가해 녹여준다. 식으면 간 검은깨를 섞는다.

마일드한 식감의
일본식 커스터드

배합(만들기 편한 분량)
두유 3/4컵
달걀노른자 1개 분량
그라뉴당 1과 2/3큰술
밀가루 1큰술
검은 조청 1작은술

만드는 법
내열 용기에 밀가루와 두유를 제외한 모든 재료를 넣고 섞는다. 밀가루를 체에 털어서 넣어주고 두유 1/2컵을 섞어가면서 넣는다. 랩을 씌우지 않고 전자레인지에 1분 동안 가열한 다음 꺼내서 섞는다. 다시 전자레인지에 넣고 30초 동안 가열하여 잘 섞은 후 남은 두유를 넣고 불린다.

캐러멜 소스 만드는 요령
캐러멜 소스를 가열할 때는 거품이 생겨 색이 변하기 전까지 저어주면 안 돼요. 저으면 온도가 올라가지 않아 캐러멜이 되기 전에 수분이 증발해서 굳어버린답니다.

가장 심플한 소스
시럽

배합(만들기 편한 분량)
그라뉴당 2/3컵
물 1컵

만드는 법
냄비에 그라뉴당과 물을 넣고 끓기 시작하면 2~3분 더 끓인 후에 불을 끈다.

뜨거울 때 바닐라 아이스크림에 부어주면 아포가토(affogato)로 변신!
에스프레소 소스

배합(만들기 편한 분량)
인스턴트커피 1큰술
뜨거운 물 1/4컵
럼주 약간

만드는 법
인스턴트커피를 에스프레소 정도의 농도로 만들고 럼주를 넣어준다.

뜨거울 때 과일이나 마시멜로에
초콜릿 소스

배합(만들기 편한 분량)
제과용 초콜릿 100g
우유 1/4컵
생크림 1/4컵

만드는 법
초콜릿을 잘게 자른다. 냄비에 우유와 생크림을 넣고 데운 후 초콜릿을 넣고 약불에 섞어서 녹인다. 뜨거울 때 사용한다.

치즈 케이크에 곁들이는
다크체리 소스

배합(만들기 편한 분량)
다크체리(캔) 1캔(400g)
설탕 40g
키르시바서(KirschWasser, 체리브랜디) 약간

만드는 법
다크체리는 즙과 열매로 나눈다. 즙에 설탕을 넣고 가열하다 끓어오르면 열매를 넣는다. 열매가 살짝만 익었을 때 키르시바서를 넣는다.

크레페와 얼린 요구르트에
오렌지 소스

배합(만들기 편한 분량)
네이블오렌지 3개
그라뉴당 60g

만드는 법
네이블오렌지는 1.5개 분량은 껍질을 얇게 썰고 3개 분량의 과즙을 짠다. 스테인리스 냄비에 과즙, 껍질, 그라뉴당을 넣고 가열한다. 한 번 끓어오르면 껍질을 꺼내고 불을 끈다.

과일 콩포트(compote)에 잘 어울리는
레드와인 소스

배합(만들기 편한 분량)
레드와인 1/2컵
설탕 2큰술
황설탕 20g
레몬껍질 가로세로 2cm
계피 1/2개
럼주 1큰술

만드는 법
냄비에 럼주를 제외한 모든 재료를 넣고 가열한다. 약간 끈기가 생길 때까지 졸인다. 불을 끄고 럼주를 넣어 섞는다.

코코넛밀크로 간단하게
코코넛 소스

배합(만들기 편한 분량)
코코넛밀크 1/3컵
우유 2큰술
설탕 1큰술

만드는 법
냄비에 모든 재료를 넣고 가열한다. 약간 끈기가 생길 때까지 졸인 다음 식혀서 소스로 사용한다.

매일 아침마다
블루베리 소스

배합(만들기 편한 분량)
블루베리 400g
그라뉴당 130~150g

만드는 법
냄비에 재료를 넣고 가볍게 저은 후 1시간 동안 두었다가 중불로 가열한다. 끓어오르면 거품을 걷어내고 약불로 줄여 10~15분 동안 끓이다가 불을 끈다.

일본식 디저트 소스

일본 전통 찹쌀 경단

미다라시 단고 소스

배합(만들기 편한 분량)

간장 1큰술

설탕 4.5큰술 약

물 3큰술

전분가루 1작은술

만드는 법

전분가루를 제외한 모든 재료를 작은 냄비에 넣고 끓기 시작하면 물 1큰술에 녹인 전분가루(물 전분)를 넣어 끈기를 만들어주세요.

기본 레시피

재료(6꼬치 분량)

멥쌀 가루(상신분) 100g

찹쌀 가루(백옥분) 20g

물 140ml

설탕 1큰술 = 9g

식용유 약간

미다라시 소스(만드는 법은 위의 배합 참고)

만드는 법

1. 내열 용기에 가루 종류, 물, 설탕을 넣고 매끄러워질 때까지 섞는다.
2. 용기에 랩을 헐렁하게 씌워 전자레인지에서 2분 동안 가열한 후 잘 섞는다. 다시 전자레인지에 넣고 2분 동안 가열한다.
3. 물에 적신 행주 위에 꺼내서 감싸고 윗면부터 잘 반죽해서 매끄럽게 만든다.
4. 3을 반으로 나눠서 지름 2cm의 봉처럼 만든다. 2.5cm씩 잘라 둥글린다. 전부 18개의 단고를 만든다. 꼬치에 3개씩 끼운다.
5. 프라이팬에 식용유를 얇게 발라주고 4를 나열해서 양면을 굽는다. 미다라시 소스를 찍어 바른다.

심플한 재료로 만든 기본 소스

검은 조청

배합(만들기 편한 분량)

흑설탕 100g

물 1/2컵

만드는 법

냄비에 재료를 넣고 끈기가 생길 때까지 약불에서 졸인다. 불을 끈 후에 남은 열로도 굳으므로 너무 졸이지 않도록 주의한다.

품위 있는 깊은 단맛

정통 검은 조청

배합(만들기 편한 분량)

물 20ml

흑설탕 250g

설탕 100g

물엿 60g

식초 15ml

만드는 법

물, 흑설탕, 설탕을 함께 넣고 끓어오르면 물엿을 넣는다. 마지막으로 식초를 넣은 다음 불을 끈다.

카스테라, 딸기에 곁들이는

말차 크림

배합(만들기 편한 분량)

생크림 100ml

설탕 30g

말차 1큰술

만드는 법

생크림과 설탕을 섞는다. 거품기를 들었을 때 거품 끝이 살짝 굽어지는 정도가 될 때까지(8할 거품) 저어주고 따뜻한 물에 풀은 말차를 섞는다.

찹쌀떡이나 아이스크림을 장식하는

말차 시럽

배합(만들기 편한 분량)

말차 4g

그라뉴당 100g

물 1/2컵

만드는 법

볼에 체로 털어낸 말차와 그라뉴당을 넣고 잘 섞는다. 냄비에 옮기고 물을 넣어서 가열한다. 그라뉴당이 녹으면 불을 끄고 식힌다.

말차란?

말차(抹茶)는 옥로(玉露)와 마찬가지로 피복하여 제배한 녹차 잎이 원료입니다. 적당한 쓴맛과 함께 싱그러운 풍미와 선명한 녹색이 매력적인 식재료예요.

된장을 나눠서 넣어주는

붉은 강낭콩조림의 기본

배합(마른 콩 200g 분량)

조미액

콩이 잠길 정도의 물
설탕 200g
간장 1과1/3큰술

기본 레시피

재료(만들기 편한 분량)

붉은 강낭콩(건조) 200g
위의 배합 조미액

만드는 법

1. 가볍게 씻어낸 콩을 물에 넣고 가열하다 끓어오르면 체에 건져둔다.
2. 냄비에 1의 콩을 넣고 물은 잠길 정도만 부어 40분 정도 끓인다.
3. 콩이 말랑해지면 설탕을 넣고 20분 정도 조린 후 간장을 넣고 한 번 더 끓인다.

재료 본연의 맛을 살려주는

오반자이식 나물 조림

※교토의 가정에서 오래전부터 만들어 먹던 나물 반찬으로 간이 싱겁다.

배합(경수채 1단, 유부 1장 분량)

맛국물 1컵
설탕 2작은술
간장 1작은술
소금 1/2작은술

만드는 법

모든 조미료를 함께 넣어 끓기 시작하면, 잘게 썬 유부와 크게 자른 경수채를 넣고 살짝 데친 후 식힌다.

두릅과 무와 같은 흰색 채소에

채 조림

배합(무 1/6개 분량)

조미료

설탕 2작은술
소금 1작은술

기름

참기름 1.2큰술

취향에 따라

고춧가루

만드는 법

참기름을 두른 프라이팬에 재료를 넣고 볶아 숨이 죽으면 조미료를 넣는다. 취향에 따라 마무리로 고춧가루를 뿌려준다.

얇은 깍지를 벗겨낸 누에콩 조림

콩 비취조림

배합(누에콩 13깍지 분량)

물 2컵
설탕 2작은술
소금 1작은술

만드는 법

냄비에 분량의 물, 설탕, 소금을 넣고 끓기 시작하면 얇은 깍지를 벗긴 누에콩을 넣어 살짝 삶은 다음 건지지 않은 상태로 식힌다.

놀라운 단맛의

토마토 미림 조림

배합(토마토 5개 분량)

미림 2.5컵
계피 1개

만드는 법

냄비에 미림을 넣고 가열해서 분량이 2/3으로 줄어들 때까지 졸인 다음 계피와 껍질을 벗긴 토마토를 넣고 조린다.

채소를 디저트로

미림으로 토마토를 삶으면 놀랄 만큼 토마토가 달고 부드러워져요. 어떤 과일에도 지지 않을 고급스러운 맛으로, 잘 식혀서 먹으면 최고의 디저트가 됩니다.

사과와 서양배로 만든
후르츠 레드와인 조림

배합(사과 1개 분량)
레드와인 1/2컵
물 1/2컵
설탕 4.5큰술
취향에 따라
계피가루

만드는 법
냄비에 재료를 넣고 가열하여 설탕이 녹으면 적당한 크기로 자른 사과와 레몬슬라이스를 2장 넣는다. 불을 끄고 취향에 따라 계피가루를 뿌린다.

술안주로 안성맞춤
서양식 간 조림

배합(생간 300g 분량)
청주 1/4컵
레드와인 1/4컵
간장 3큰술
설탕 1.5큰술
생강(아주 가늘게 썬 것) 1조각 분량

만드는 법
냄비에 손질하여 얇게 편 썬 간과 재료를 모두 섞어 넣고 중불에서 15분 정도 익힌다.

매실주를 사용한 산뜻한 맛
고등어 매실주 조림

배합(고등어 1마리 분량)
매실주의 매실 4개
매실주 1컵
물 1/2~3/4컵
국간장 1.5큰술
간장 1큰술

만드는 법
모든 재료를 함께 넣고 끓기 시작하면 토막 낸 고등어를 넣어 15분 정도 조린다.

고기와 궁합이 좋은 마늘을 듬뿍 넣은
돼지고기 매실주 조림

배합(돼지고기 삼겹살 500g 분량)
마늘 2톨
매실주 1/2컵
물 1/2컵
간장 5큰술
미림 2큰술

만드는 법
살짝 삶아서 밑처리를 한 돼지고기에 미림을 제외한 모든 재료를 넣고 삶는다. 고기가 부드러워지면 국물이 2/3 정도가 될 때까지 졸인 다음 미림을 넣고 다시 한 번 끓인다.

같은 매실주조림이라도
고등어는 매실주의 단맛만으로 개운하게 조려낸다. 돼지고기는 미림으로 단맛을 더해주고 간장으로 확실하게 간을 해준다.

고등어

돼지고기

육즙이 풍성한 깊은 맛의 소스
화이트와인 닭찜

배합(뼈있는 닭 다리 4개 분량)
기본 양념
파 2개
버터 2큰술
조미액
고형 수프 1/2개
물 1컵
화이트와인 1/3컵
조미료
생크림 1/3컵
소금, 후추 적량씩

화이트와인 닭찜 레시피

재료(4인분)
뼈있는 닭 다리(소) 4개
백만송이버섯 1팩
위의 배합 기본 양념, 조미액, 조미료
셀러리 적량
소금, 후추 약간씩
밀가루, 식용유 2큰술씩

만드는 법
1 닭고기는 소금, 후추로 밑간을 한 후 밀가루를 뿌린다. 백만송이버섯은 밑동을 자르고 파는 5cm 길이로 자른다.
2 식용유를 두른 고기의 껍질 쪽부터 구워서 꺼낸다.
3 같은 프라이팬에 기본 양념을 넣고 볶다가 고기를 다시 넣고 조미액을 넣어 10분 동안 조린다. 백만송이버섯을 넣고 다시 10분 동안 조린다.
4 조미료를 넣어 간을 맞추고 그릇에 담아 파슬리를 뿌린다.

몸이 후끈후끈해지는

카스지루

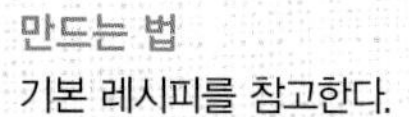

(かす汁, 술지게미를 넣은 된장국)

배합(4인분)

국물

- 맛국물 8컵
- 술지게미 160g
- 된장 2큰술

만드는 법

기본 레시피를 참고한다.

카스지루 레시피

재료(4인분)

염장연어 4토막
감자 2개
당근 1/2개
무 4cm
파(크게 썬 것) 1대 분량
청주 2큰술
위의 배합 국물
시치미 적량

만드는 법

1 토막 난 연어를 다시 3~4등분해서 청주를 뿌려준다. 채소는 먹기 좋은 크기로 자른다.
2 술지게미에 따뜻하게 데운 맛국물 1컵을 넣고 부드러워질 때까지 풀어준다.
3 냄비에 남은 맛국물을 끓이다가 1을 넣고 익힌다. 여기에 2의 불린 술지게미를 넣고 오랫동안 끓인다. 된장으로 간을 한 후 불을 끈다.
4 그릇에 담고 시치미를 뿌린다.

쇠고기와 물냉이를 넣은 서양식 샤브샤브

레드와인 전골

배합(만들기 편한 분량)

닭고기 육수 2컵
레드와인 2컵

만드는 법

냄비에 닭고기 육수와 레드와인을 넣고 데워서 두부와 버섯을 익힌다. 쇠고기, 물냉이는 샤브샤브를 해서 먹고, 취향에 따라 겨자나 유자후추를 곁들여도 좋다.

조야나베(常夜鍋)란?

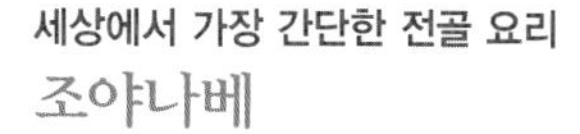

돼지고기와 시금치로 만드는 심플한 전골이에요. 이름의 유래대로 매일 밤(常夜) 먹어도 질리지 않는 맛이라고 합니다. 물을 넣지 않고 청주만으로 끓여도 맛있어요.

경수채와 유부를 넣은 개운한 전골

아삭아삭 전골

배합(경수채 300g, 유부 4장)

맛국물 5컵
간장 2큰술
청주 6큰술
소금 약간

만드는 법

맛국물과 조미료를 냄비에 넣고 데워 가늘게 썬 유부를 익힌다. 크게 자른 경수채를 살짝 익혀 국물과 함께 먹는다.

세상에서 가장 간단한 전골 요리

조야나베

배합(돼지고기 400g, 시금치 1단 분량)

물 냄비의 70% 정도
청주 3큰술

만드는 법

냄비에 더운 물과 청주를 넣고 돼지고기를 넣어 끓인다. 시금치는 약간만 익혀서 폰스 간장을 찍어 먹는다.

원래는 고래고기와 경수채로 만든 나베입니다. 경수채의 아삭아삭한 식감을 표현해 이름이 지어졌습니다. 유부 대신에 돼지고기나 오리고기를 넣어 맛있게 먹을 수 있습니다.

단맛을 줄인 전통의 맛

고구마 맛탕의 기본

배합(고구마 1개 분량)

소스
- 벌꿀 1큰술
- 간장 1/2큰술
- 설탕 2큰술
- 검은깨 적량

만드는 법

기본 레시피를 참고한다.

기본 레시피

재료(4인분)

고구마 1개
위의 배합 소스
튀김용 기름 적량

만드는 법

1. 큼직하게 자른 고구마는 물에 담가 전분기를 뺀 다음 물기를 제거한다.
2. 170℃의 기름에 1을 튀긴다.
3. 검은깨를 제외하고 모든 소스 재료를 냄비에 넣고 데운다. 끈기가 생기면 2를 넣고 섞는다. 마지막에 검은깨를 뿌리고 전체적으로 섞어준다.

레몬의 산미로 개운한

벌꿀 레몬 잔멸치 볶음

배합(잔멸치 500g 분량)

간장 2큰술
벌꿀 3큰술
청주 2큰술
레몬즙 1작은술

만드는 법

냄비에 모든 재료를 넣고 중불로 가열한다. 끓기 시작하면 1분 정도 더 끓인다. 볶아 놓은 잔멸치(만드는 법 왼쪽 레시피 참고)에 골고루 묻혀준다.

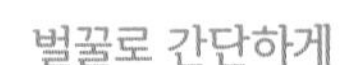

벌꿀로 간단하게

간장과 설탕을 졸여 만든 소스는 졸이는 정도를 조절하기 어렵지만, 벌꿀의 단맛과 끈기를 이용하면 쉽게 만들 수 있어요.

잔멸치 볶는 법

재료

잔멸치 50g

냄비로 볶을 때

두꺼운 냄비에 약불로 멸치의 머리와 꼬리의 색이 변할 때까지 볶는다. 잔멸치의 크기에 따라 불 조절이 다르므로 주의한다.

레인지로 가열할 때

내열 용기에 펼쳐놓고 전자레인지에서 약 2분 동안 가열해서 바삭하게 만든다.

일본의 오곡 풍작을 불러주는 명절음식

잔멸치 볶음의 기본

배합(잔멸치 50g 분량)

설탕 3큰술
간장 2.5작은술

만드는 법

냄비에 재료를 넣고 약불에서 나무주걱으로 저어가면서 조리다가 끈기가 약간 돌기 시작하면 냄비를 불에서 내린다. 볶은 잔멸치(위의 볶는 법 참고)를 넣고 골고루 버무린다.

오징어와 새우에. 살짝 단맛이 도는

노른자 구이

배합(오징어 2마리 분량)

달걀노른자 2개 분량
미림 3큰술

만드는 법

달걀노른자를 잘 풀어준 후 미림을 조금씩 넣어 가면서 잘 섞어준다. 오징어를 재웠다가 굽는다.

등푸른생선에 어울리는 매운 소스

매운맛 간장 구이

배합(고등어 1마리 분량)

간장 1/2컵
청주 1/2컵
설탕 3~4큰술
두반장 2작은술
마늘즙 1/2작은술
생강즙 1/2작은술
크게 썬 파(대) 1대 분량
참깨 2큰술

만드는 법

모든 재료를 잘 섞고 생선은 재웠다가 굽는다.

방어나 삼치에 어울리는 향토 소스

와카사 구이

(若狭, 일본의 지명)

배합(방어 4조각 분량)

맛국물 6큰술
청주 4큰술
국간장 2큰술

만드는 법

모든 재료를 잘 섞는다. 소금을 뿌려놓은 생선을 섞어놓은 소스에 재운다.

닭고기는 물론, 방어나 고등어에도 어울리는

펑고기구이

배합(닭 다리 큰 것 2개 분량)

밑간

간장 1큰술
미림 2큰술

소스

간장 2큰술
미림 4큰술
청주 1큰술

만드는 법

고기에 밑간을 해서 20분 동안 재운 다음 200℃로 예열한 오븐에서 20분 동안 굽는다. 작은 냄비에서 소스가 절반이 될 때까지 졸여 구운 고기에 끼얹는다.

닭고기나 돼지고기에. 벌꿀이 포인트

벌꿀 생강구이

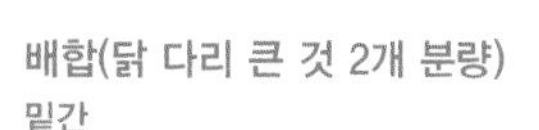

배합(닭 다리 큰 것 2개 분량)

밑간

소금 1작은술
후추 적량
브랜디 1큰술
벌꿀 2큰술
생강즙 1큰술

소스

벌꿀 1큰술

만드는 법

고기에 밑간을 해서 10분 정도 둔다. 식용유를 두른 프라이팬에서 버터를 발라 살짝 굽는다. 고기가 익으면 소스를 바른다.

삼치, 농어 등의 흰살생선에

미림 구이

배합(삼치 4토막 분량)

미림 4큰술
설탕 1큰술
화이트와인 3큰술
화이트와인 비네거 3큰술
고형 수프 1/4개

만드는 법

생선을 구워서 꺼낸다. 같은 프라이팬에 모든 조미료를 넣고 2/3 정도로 줄어들 때까지 졸인 후 생선에 끼얹는다.

순무와 무를 절일 때
미림 간장 절임

배합(순무 6개 분량)
간장 2큰술
미림 4큰술
소금 적량

만드는 법
순무는 세로로 8등분 내서 반달썰기 한 후 소금을 뿌려 주물러 놓는다. 배합한 조미료에 순무를 넣고 30분 정도 절인다.

여름에 잘 어울리는 맛
아삭아삭 오이절임

배합(오이 5개 분량)
간장 1/2컵
미림 1/2컵
식초 1/2컵

만드는 법
냄비에 조미료를 넣고 끓기 시작하면 크게 썬 오이를 넣는다. 끓어오르면 냄비 째로 얼음물에 담가 식힌다. 이 과정을 4번 반복한다.

마시기 편한 상큼한
화이트 상그리아(sangria)

배합(만들기 편한 분량)
화이트와인 750ml(1병)
설탕 30~50g
오렌지 리큐어 2~3큰술
럼주 1큰술

만드는 법
내열 용기에 화이트와인 400ml와 설탕을 넣고 랩을 느슨하게 씌운 후 전자레인지에서 약 8분 동안 가열한다. 식으면 남은 재료를 모두 넣고 섞는다.

싱그러운 단맛과 향이 살아있는
과실주

배합(매실, 살구 등 1kg 분량)
얼음설탕 400g
화이트리카(향과 냄새가 없는 증류주로 술 담글 때 사용) 6컵

만드는 법
얼음설탕, 화이트리카 그리고 깨끗이 씻은 과일을 함께 넣어 숙성한다. 3개월째부터 마실 수 있다.

과일 상그리아

상그리아는 과일을 넣는 것이 좋아요. 오렌지나 사과처럼 산뜻한 맛의 과일 이외에도 바나나와 복숭아처럼 단맛이 도는 과일을 함께 넣어주면 풍미가 더 좋아집니다.

씹는 맛을 즐길 수 있는 설탕 과자
마른 과일 레시피

재료(만들기 편한 분량)
유자 3개
그라뉴당 60g
마무리용 그라뉴당 적량
소금 적량

만드는 법
1. 유자는 소금으로 비벼서 닦은 후 물기를 닦아준다. 세로로 4등분해서 심과 씨를 제거하고 과육을 짠다. 껍질은 적당한 크기로 자른다.
2. 냄비에 분량의 그라뉴당과 1의 껍질을 넣고 1시간 이상 둔 다음 1의 과즙을 넣고 불을 켠다. 거품이 나고 물기가 없어질 때까지 조린다.
3. 2를 체에 펼쳐 그늘지고 서늘한 곳에서 2~3일 건조시킨다. 완전히 마르면 마무리로 그라뉴당을 뿌린다.

기타 감미료

벌꿀 - 꽃에 따라 다른 맛과 향

꿀벌이 꽃에서 채취한 꿀을 체내의 효소로 변화시킨 것이 벌꿀입니다. 연꽃, 아카시아, 귤 등 다양한 꽃의 벌꿀이 있으니 맛과 향을 확인하고 자신의 취향에 맞는 꿀을 찾아보세요.

꿀을 요리에 사용하면 깊이와 풍미가 좋아진답니다. 고기요리는 부드럽고 육즙이 살도록 만들어 주며, 생선은 비린내를 억제해 줍니다. 살균성, 보존성도 높아 요리를 오래 보존할 수 있어서 도시락 반찬에 사용해도 좋아요.

메이플시럽 - 독특한 풍미

캐나다산이 유명한 메이플시럽은 원료가 되는 설탕단풍나무의 수액을 농축한 서양식 감미료입니다. 독특한 풍미가 있어서 핫케이크나 와플에 뿌려먹거나 주로 과자의 재료로 사용합니다.

요구르트에 넣어 먹으면 단맛과 향이 좋아집니다. 또한 마요네즈와 궁합이 잘 맞아서 마요네즈를 뿌려먹는 샐러드에 함께 넣으면 산미가 부드러워집니다. 생 햄(훈연만 하고 열을 가하지 않은 햄)과 함께 전채 요리로 만들어도 좋아요.

물엿 - 제과나 요리에

끈끈한 점액상태의 감미료로 주된 성분은 맥아당입니다. 설탕에 비해 감미도가 낮아서 설탕 대신으로 넣을 때, 같은 분량을 넣고 조리하면 단맛이 부족하게 느껴질 수 있습니다. 그럴 때는 설탕이나 벌꿀로 단맛을 조절하세요.

보습성이 뛰어나서 빵을 만들 때 넣으면 촉촉한 식감을 느낄 수 있습니다. 홍차나 커피, 또는 조림이나 데리야키에 광택을 낼 때도 사용하면 좋아요. 고구마 맛탕도 물엿으로 만들면 그리운 맛이 납니다.

맥아당이란?

맥주의 원료인 맥아에 많이 함유된 성분입니다. 전분에서 인공적으로 만들어낸 감미료로 말토오스(maltose)라고 하기도 합니다. 물엿의 주된 성분입니다.

자일리톨이란?

나무나 벼와 같은 식물의 세포벽에서 채취되는 재료로 만드는 인공 감미료입니다. 충치가 생기지 않는 특징이 있어서 껌으로 만들어 사용하며 물에 녹으면 열을 흡수하는 성질이 있어서 상쾌한 청량감을 느낄 수 있습니다.

프락토올리고당 (fructooligosaccharide) 이란?

배 속 장의 건강에 도움이 된다고 알려져 있습니다. 위장과 소장에서 흡수하지 못하는 성질이 있어서 대장까지 가며 비피더스균을 증식시키는 작용을 합니다.

벌꿀 응용

추운 겨울에 먹으면 좋은

무 생강 벌꿀

배합(만들기 편한 분량)

무(가로세로 1cm) 5cm
얇게 썬 생강 1조각 분량
벌꿀 약 2컵

만드는 법

보관 용기에 모든 재료를 잘 섞는다. 무에서 수분이 나오면 용기를 흔들어서 섞는다. 무에서 나온 수분으로 벌꿀이 희석되면 무를 꺼내 냉장고에 보관한다.

허끝이 쌉쌀한 일본식 벌꿀

말차 벌꿀

배합(만들기 편한 분량)

벌꿀 100g
말차 20g

만드는 법

벌꿀을 여러 번 나눠서 말차에 넣고 잘 섞는다.

너츠의 고소한 향이 녹아나오는

너츠 벌꿀

배합(만들기 편한 분량)

좋아하는 견과류 볶음 1컵
벌꿀 1컵
건포도 1/4컵
럼주 3큰술

만드는 법

건포도는 럼주에 재워둔다. 보관 용기에 견과류와 건포도를 넣고 벌꿀을 부어 1주일 정도 재운다.

다양하게 먹기

다양하게 응용한 벌꿀은 여러 풍미를 지녀서 바게트에 바르거나 더운물에 타먹기만 해도 맛있어요.

플레인 요구르트나 아이스크림과 함께 먹으면 고급 디저트가 됩니다.

크래커나 바나나에

콩가루 벌꿀

배합(만들기 편한 분량)

벌꿀 100g
콩가루 30g

만드는 법

벌꿀에 여러 차례 나눠서 콩가루를 넣고 잘 섞는다.

아이스크림이나 바게트에

후추 벌꿀

배합(만들기 편한 분량)

통후추 6큰술
벌꿀 3큰술

만드는 법

통후추를 키친타올에 감싸 두들겨서 굵게 으깬다. 볼에 으깬 통후추와 꿀을 넣고 섞는다.

011

오일

오일

식용유란?

튀김류와 달리 드레싱이나 마요네즈를 만들기 위해서 제조된 식용유입니다. 콩기름이나 유채씨유 등 두 종류 이상의 오일을 섞어 만듭니다.

세계에서 가장 생산량이 많은 오일이 콩기름입니다.

피부에 좋은 이야기

피부의 건강을 지키는 비타민A, C는 오일에 녹는 비타민입니다. 오일과 함께 섭취하면 그냥 먹는 것보다 흡수율이 약 5배나 좋아집니다.

기름의 원료

오일은 크게 동물성 오일과 식물성 오일로 나눌 수 있습니다. 동물성 오일의 원료가 되는 소재는 주로 유지방으로 돼지나 소의 지방이며, 식물성은 대두, 깨, 유채씨, 옥수수, 홍화 이외에도 종류가 많습니다.

식물성 오일은 식물의 종자나 과육에서 짜냅니다. 그리고 짜낸 오일에서 좋지 않은 냄새와 쓴맛, 떫은맛 등을 제거하는 것을 정제라고 합니다. 대부분은 이런 과정을 거친 오일이 상품으로 만들어집니다.

식물성 오일은 건강에 도움을 주는 불포화지방산을 포함하고 있는데, 식물의 종류에 따라 각각 다른 종류의 불포화지방산을 포함합니다. 어떤 오일을 사용할지 각각의 특성을 살펴본 다음 사용하는 것이 좋습니다.

일본 요리와 오일

일본 요리는 오일과 같은 지방분을 별로 사용하지 않는 담백한 맛이 주류를 이루었지만, 무로마치시대부터 오일을 사용한 요리가 널리 퍼지기 시작해 이때부터 튀김 요리가 시작되었다고 합니다. 에도시대에는 나가사키(長崎)에서 유행하기 시작한 중화요리가 전국으로 퍼져나가면서 서민도 튀김 요리를 먹게 되었습니다.

메이지 중기 이후부터는 커틀릿, 크로켓, 오믈렛 등의 서양요리가 일반인에게 보급되었고, 다이쇼시대(大正時代, 1912-1926) 말기 식용유의 등장으로 단숨에 오일을 사용하는 요리가 늘었다고 합니다.

식용유

촉감이 매끈하고 향이 없어 모든 요리에 사용하기 편합니다.

포도씨유

동서양에서 폭넓게 사용하는 오일로 맛이 깔끔해서 샐러드에도 적합합니다. 비타민E가 풍성해요.

옥수수유

열에 강해서 튀김용으로 사용하면 좋습니다. 독특한 깊이와 풍미가 있어요.

홍화씨유

홍화 씨앗을 짜서 만든 것으로 마가린이나 식용유의 원료로 사용합니다.

동물성 지방

실온에서 굳는 '오일(지방)'의 대부분이 동물성입니다. 버터나 라드 등에 사용합니다.

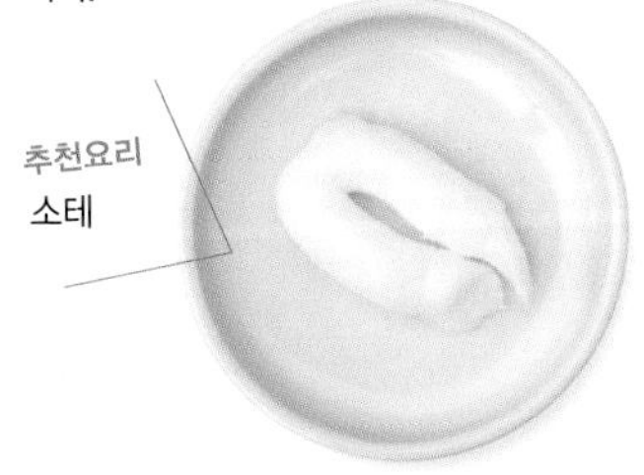

고르는 법과 종류

건강을 생각해서 기름을 고르는 사람이 늘고 있습니다. 몸 상태와 취향에 맞춰 사용하기 편한 오일을 골라 보세요.

일본어로 '기름을 판다'가 '노닥거리다'가 된 유래

원래 오일은 식용보다는 등화용으로 사용되었으며 에도시대에는 등화용 오일이 상당히 많이 팔려 기름 상인이 있을 정도였습니다. 오일은 끈기가 있어서 방울방울 떨어져, 채우는데 시간이 걸립니다. 가게 주인은 오일이 채워지길 기다리면서 손님과 이야기를 나눴을 것입니다. 일본에서는 업무 중에 노닥거리는 것을 '기름을 판다'라는 관용어로 표현하는데, 이런 정황에서 시작되었습니다.
일설로는 행등용 오일이 아니라 머리에 바르는 오일을 파는 상인이 여성 손님을 상대로 오랫동안 수다를 떨면서 물건을 팔았던 것에서 비롯되었다고 말하기도 합니다. 현대에서는 업무 중에 딴짓을 할 때 사용하는 표현이 되었습니다.

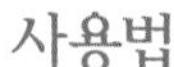

사용법

매일 사용하는 오일. 튀기고 볶는 것 이외에도 마무리로 풍미를 더해주고 싶을 때 사용하는 등 용도에 따라 종류를 구분해서 사용하는 것이 좋아요.

조리 효과

- 고온에서 단시간에 조리할 수 있습니다. 튀김 등에 사용합니다.
- 풍미를 줘서 혀끝에 닿는 맛을 살려줍니다. 볶음 요리에 좋아요.
- 방수 효과가 있어 샌드위치에 버터를 바르는 것은 이런 이유 때문입니다.
- 재료가 달라붙지 않게 해줍니다. 파스타를 삶거나 고기의 밑간에 사용합니다.

보관방법

산화를 방지하기 위해 뚜껑을 꽉 닫아 그늘지고 서늘한 곳에 보관합니다. 될 수 있으면 빠른 시간 내에 전부 사용해주세요. 산화가 더딘 오일을 고르거나 적은 양을 구입하면 좋아요.

바삭바삭 일본식 튀김

튀김옷의 기본

배합(4인분)
튀김옷
밀가루 1~1컵
달걀노른자 1개 분량
냉수 1컵

기본 레시피

재료(4인분)
튀김 재료는 취향에 따라
새우 8마리
고구마(소) 1개
잎새버섯 1/2팩
피망 2개
시소 4장
위의 배합 튀김옷
소금, 청주 약간씩
튀김용 기름 적량
튀김장(만드는 법 23쪽 참고)

만드는 법

1. 새우는 껍질과 내장을 제거한 후 꼬리의 가운데 뾰족한 부분을 떼고 물기를 훑어낸다. 소금과 술을 뿌려 10분 정도 둔다. 고구마는 8mm 두께로 자르고 피망과 잎새버섯을 4등분한다. 내용물의 재료를 꼼꼼히 닦아 준다.
2. 튀김용 냄비에 기름을 넣고 가열한다. 시소는 튀김옷을 뒷면만 입혀 160℃에서 튀긴다. 채소류는 튀김옷을 입혀 170℃로 튀기고 새우는 튀김옷을 입혀 180℃로 튀긴다.
3. 기름을 완전히 제거한 다음 튀김장과 함께 곁들여낸다.

폭신폭신하고 가벼운 서양식 튀김

프리터 튀김옷

(fritter, 걸쭉한 반죽에 재료를 넣어 튀기는 서양식 튀김)

배합(4인분)
재료
밀가루 3큰술
물 3큰술
전분가루 2큰술
소금 1/3작은술
후추 약간
베이킹파우더 1/2작은술
식용유 1작은술

만드는 법
볼에 모든 재료를 넣고 거품기로 섞는다.

고급스러운 술안주로

바삭바삭한 튀김옷

배합(4인분)
달걀흰자 1개 분량
찹쌀 가루(쪄서 거칠게 갈은 것) 1/2컵

만드는 법
튀김 재료에 달걀흰자 물을 묻힌 다음 찹쌀 가루를 뿌린다.

바삭하고 고소한

땅콩 튀김옷

배합(4인분)
달걀흰자 1개 분량
땅콩 1/2컵

만드는 법
튀김 재료를 달걀흰자 물에 묻힌 후 다진 땅콩을 뿌려 낮은 온도의 기름에서 튀긴다.

참깨나 검은깨를 이용한

참깨 튀김옷

배합(만들기 편한 분량)
달걀흰자 1개 분량
참깨 혹은 검은깨 1/2컵

만드는 법
튀김 재료에 풀어 놓은 달걀흰자를 묻혀 깨를 뿌린다.

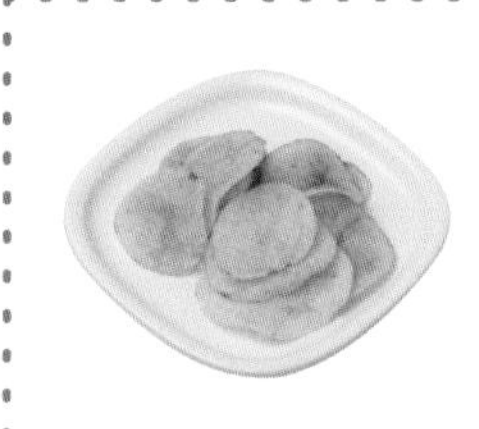

다양한 튀김옷

튀김 재료에 달걀흰자를 입히고 좋아하는 재료로 튀김옷을 입혀주세요. 땅콩 이외에도 좋아하는 견과류로 만들면 다양한 질감과 맛을 낼 수 있습니다. 감자칩을 부셔서 튀김옷을 만들면 아이들이 좋아해요.

플레이버 오일

고기요리에 어울리는 화려한 향

로즈마리 블렌드 오일

배합(만들기 편한 분량)

로즈마리 1~2가지
타임 1~2가지
마늘 1/2톨
올리브유 적량

만드는 법

허브 종류는 물로 씻은 다음 물기를 제거한다. 오일용 병에 허브와 마늘을 넣고 내용물이 잠길 정도로 올리브유를 넣는다. 그늘지고 서늘한 곳에 4~5일 정도 두었다가 허브를 꺼낸다.

깔끔하고 상큼한 맛

민트 오일

배합(만들기 편한 분량)

민트 2~3가지
올리브유 적량

만드는 법

민트는 물로 씻은 후 물기를 제거한다. 오일용 병에 민트를 넣고 올리브유는 내용물이 잠길 정도만 넣는다. 그늘지고 서늘한 곳에 2~3일 두었다가 민트를 꺼낸다.

수프에 마법의 한 방울

생강 올리브유

배합(만들기 편한 분량)

다진 생강 50g
설탕 1작은술
소금 1/2작은술
현미 식초 2큰술
올리브유 75ml

만드는 법

프라이팬에 올리브유 이외의 모든 재료를 넣고 강불로 조린다. 열기가 완전히 빠지면 보관 용기에 넣고 올리브유를 부어준다.

고추가 맛의 포인트

고추 오일

배합(만들기 편한 분량)

올리브유 150ml
홍고추 1~3개
클로브 10알

만드는 법

오일용 병에 홍고추와 클로브를 넣고 올리브유는 내용물이 잠길 정도만 넣는다. 그늘지고 서늘한 곳에서 2~3일 정도 둔다.

채소요리에 싱그럽고 편안함을 주는 향

레몬 오일

배합(만들기 편한 분량)

레몬껍질 1/2개 분량
마른 감귤류 껍질 적량(사진은 귤)
올리브유 150ml

만드는 법

오일용 병에 레몬껍질과 잘게 썬 마른 감귤류 껍질을 넣고 올리브유는 내용물이 잠길 정도로 넣는다. 그늘지고 서늘한 곳에 2~3일 정도 둔다.

허브를 사면 담가 두세요~

허브는 요리용으로 사도 좀처럼 다 쓰지 못합니다. 남은 것은 기름에 넣어 향이 배도록 해서 사용하면 좋아요. 볶음이나 삶기만 하는 요리라도 향이 있으면 훨씬 맛이 좋아집니다.

참기름, 참깨

튀김 이야기

전문점의 튀김용 오일에 참기름을 사용하는 이유는 향을 좋게 하기 위해, 그리고 산화가 잘 안 되기 때문입니다.

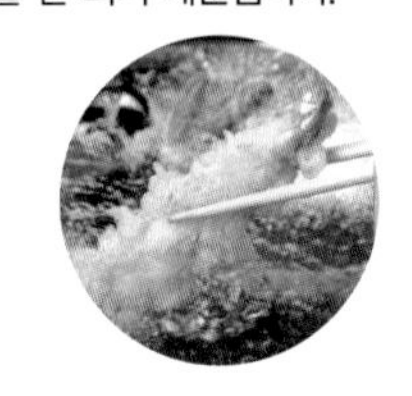

깨 볶는 이야기

일반적인 참기름은 볶은 깨를 짜서 만듭니다. 오래 볶은 깨는 색깔이 진하고 향도 고소한 반면, 살짝만 볶은 깨는 감칠맛과 단맛이 강합니다.

참깨는 항산화 물질이 풍부한 식재료입니다.

고소하고 건강한 오일

수많은 식물성 오일 중 하나로, 원료인 참깨 종자를 짜낸 것이 참기름입니다. 우리에게 익숙한 오일로 참깨 특유의 단맛과 감칠맛, 그리고 고소한 풍미가 모든 요리에 깊은 맛을 더해줍니다.

참기름의 가장 큰 특징은 항산화 물질을 많이 포함하고 있다는 점입니다. 또한 콜레스테롤 수치를 낮추고 간 기능을 강화하며 면역력을 향상시켜줍니다. 암예방효과도 기대할 수 있는 몸에 좋은 오일로 항산화 물질의 작용으로 다른 식물성 오일에 비해 산화가 더딘 성질을 갖고 있습니다.

미용에 좋은 참깨

참깨는 오래전부터 건강식과 미용식으로 사랑받아왔지만, 근래 들어 그 효과가 더욱 주목받고 있습니다.

미용적인 면에서는 피부 개선에 아주 좋다는 점을 우선적으로 꼽을 수 있습니다. 간 기능을 향상시켜 피부에 수분, 유분, 탄력을 주고 질 좋은 아미노산, 비타민E, 항산화 물질에 의한 노화방지 효과와 지방질의 대사가 높아 체지방감소 효과도 볼 수 있습니다. 또한 검은깨는 변비 해소, 냉증 예방에도 좋다고 합니다.

가공 방법에 따라 씻은 참깨, 볶은 참깨, 으깬 참깨, 참깨페이스트 등 여러 종류가 있습니다. 요리에 사용해서 미용 효과를 확인해보세요.

참기름

일반적인 참기름으로 깨를 볶은 정도에 따라 맛과 향이 다양해집니다.

추천요리
무침, 볶음

생 참기름

참깨를 볶지 않고 짜내 가볍고 섬세한 풍미를 지닙니다.

추천요리
모든 요리

흑참기름

일반적인 참기름이 흰깨를 사용해서 만들었다면, 흑참기름은 검은깨를 원료로 만듭니다.

흰깨

참기름의 원료로도 사용되며 기름기가 풍부하고 온화한 풍미가 특징입니다.

추천요리
무침, 샐러드

검은깨

향이 강하고 기름기가 적은 편입니다. 팥밥이나 경단을 만들 때 사용합니다.

추천요리
팥밥, 과자

으깬 참깨

참깨를 으깨서 나온 가공품으로 된장국에 넣으면 좋습니다.

추천요리
조림, 무침

고르는 법과 종류

참깨라고 통틀어 말하지만 종류는 아주 다양합니다. 식용유 대신에 사용할 수도 있는 것도 있으니 여러 종류를 사용해보세요.

옛 승려들의 영양원

일본에 참깨가 식용으로 널리 쓰이게 된 것은 아스카시대에 불교가 전해진 것이 큰 영향을 받았다고 합니다. 불교의 가르침에 따라 살생, 육식 금지령이 내려져 그 대신에 영양가 높은 참깨가 보급되었다고 합니다.

일본식 전통 불교음식인 쇼진요리(精進料理)의 식재료로 무침, 참깨 두부 등에 이용되어 승려들의 영양원 중 하나가 되었습니다. 같은 시기에 착유(搾由) 기술도 함께 들어왔는데 손으로 짜는 방식이어서 참깨와 참기름은 귀중품으로 다뤄졌고 궁이나 높은 벼슬아치와 같은 상층계급만 먹는 음식이 되었습니다. 에도시대에 참깨를 생산하면서 서민에게도 보급되어 본격적인 참깨 문화가 확립되었다고 합니다.

사용법

참기름은 향신료와 궁합이 잘 맞아서 볶음 이외에도 향을 내는 용도로 사용하면 좋아요. 참기름은 무침과 조림에 넣으면 음식의 깊이와 풍미가 살아납니다.

조리 효과

참기름

- 향과 풍미를 더해줍니다. 무침의 마무리에 사용하세요.
- 쉽게 변질되지 않아 튀김용 오일에 참기름을 넣으면 오래 사용할 수 있습니다.
- 삶을 때 약간만 넣어주면 푸른 채소의 색이 선명해집니다.

참깨

- 간장과 된장 등 다른 조미료와 함께 넣으면 풍미가 좋아집니다.
- 진한 맛을 내주어 참깨 소스, 조림 등에 사용합니다.

보관방법

참기름은 다른 식물성 오일에 비해 산화 작용이 잘 일어나지 않습니다. 뚜껑을 꽉 닫아 그늘지고 서늘한 곳에 두면 6개월 정도 쓸 수 있으므로 참깨는 밀봉을 확실하게 해야 합니다.

무침의 대표주자

참깨 무침의 기본

배합(시금치 2단 분량)

무침양념

으깬 참깨 4큰술
설탕 1큰술
간장 1/2큰술

메모

시금치는 물기를 꽉 짜둡니다. 무칠 때 손으로 직접 버무리면 빠르고 골고루 무칠 수 있어요.

기본 레시피

재료(4인분)

시금치 2단
위의 배합 무침 양념
소금 약간

만드는 법

1 시금치는 소금을 넣은 끓는 물에 데친 후 차가운 물로 헹궈 물기를 제거한다.
2 3cm 길이로 잘라 꽉 짜서 물기를 완전히 제거한 후 양념을 넣어 무친다.

닭찜이나 우엉에 어울리는

참깨 식초

배합(만들기 편한 분량)

참깨 1/2컵
현미 식초 3/4컵
설탕 2큰술
국간장 2작은술

만드는 법

냄비에 참깨 이외의 재료를 넣고 끓기 시작하면 불을 끄고 식힌다. 절구에 거칠게 갈아 둔 참깨에 조금씩 넣어가면서 갈아서 섞는다.

식초로 상큼하게

고소한 참깨와 상큼한 맛을 지닌 식초는 서로 잘 어울립니다. 가지나 무와 같이 담백한 채소를 무치면 아주 맛있는 일품요리가 탄생합니다.

야무진 맛

깔끔한 참깨 무침

배합(시금치 2단 분량)

참깨(또는 검은깨) 4큰술
간장 2큰술

만드는 법

참깨는 고소하게 볶아 절구에 넣고 진득해질 때까지 오래 갈아준다. 간장을 넣고 함께 간다.

폭신하고 부드러운 맛

담백한 양념 무침

배합(4인분)

두부(부드러운 것) 1/2모
참깨 2큰술
설탕 2큰술
소금 1/4작은술
국간장 1/2작은술
맛국물 적량

만드는 법

두부는 살짝 데쳐서 식힌 후 물기를 닦는다. 참깨는 절구에서 진득해질 때까지 간 다음 두부, 설탕, 소금, 간장 순서로 넣어 간다. 너무 빡빡해지면 맛국물을 넣어 점도를 조절한다.

마요네즈를 넣어서

부드럽고 담백한 일본식 양념무침에 마요네즈를 넣으면 유분은 부드러운 맛을, 산미는 깔끔한 맛을 더해줘서 훨씬 맛이 좋아집니다.

정통 중화요리 맛

방방지의 기본

(棒棒鶏, 삶은 닭고기를 무친 샐러드)

배합(닭 다리 2개 분량)

소스

설탕 2.5큰술
식초 2큰술
생강즙 2작은술
간장 7큰술
고추기름 2큰술
참깨페이스트 5큰술
참기름 1큰술

기본 레시피

재료(4인분)

닭 다리 2개
오이 1개
얇게 썬 생강 3장
청주 4큰술
위의 배합 소스
참깨 적량

만드는 법

1 닭고기는 뼈를 발라내고 다듬어 껍질 쪽이 밑으로 가도록 내열 용기에 담는다. 닭고기 위에 생강을 얹어 청주를 뿌린 다음 랩을 씌워 전자레인지에 6~7분 동안 가열한다. 그대로 식힌 다음 닭고기 살을 먹기 좋게 찢어준다.
2 오이는 얇게 어슷썰기를 한다.
3 그릇에 1과 2를 담고 잘 섞은 소스를 끼얹고 참깨를 뿌린다.

산미를 더한 상큼한 맛

서양식 참깨 소스

배합(만들기 편한 분량)

참깨페이스트 1/4컵
설탕 1큰술
레몬즙 1큰술
발사믹 식초 4큰술
올리브유 1큰술

만드는 법

볼에 참깨페이스트와 설탕을 넣고 잘 섞는다. 남은 재료를 위에 적힌 순서대로 넣고 잘 섞는다.

볶음장으로도 좋은

중화식 참깨 소스

배합(만들기 쉬운 분량)

참깨페이스트 1/4컵
다진 마늘 1/2톨 분량
다진 생강 1/2조각 분량
다진 파 5cm 분량
잘게 썬 홍고추 1개 분량
설탕 1큰술
간장 1/4컵
식초 1큰술
참기름 1큰술

만드는 법

볼에 참깨페이스트와 설탕을 넣고 잘 섞는다. 설탕이 녹으면 간장, 식초, 참기름 순서로 넣어 섞는다. 남은 재료도 전부 넣고 잘 섞어준다.

그릴에도

무침장 이외에도 닭고기를 그릴에 구울 때 발라도 좋아요. 구은 닭고기에 소스를 바르고 마무리로 조금 더 구워주면 참깨의 풍미로 고소한 중화식 구이가 완성됩니다.

기본 무침요리

나물 무침의 기본

메모

나물은 재료의 특성을 생각해서 조미료의 배합을 바꿔줍니다. 비빔밥처럼 마지막에 함께 넣고 비벼주면 훨씬 다양한 맛이 나요.

콩나물 무침

배합(콩나물 1봉지)

참기름 2작은술
으깬 참깨 1작은술
다진 마늘, 소금 약간씩

시금치 무침

배합(시금치 1단 분량)

참기름 1큰술
으깬 참깨 1작은술
다진 마늘, 소금 약간씩

무나물 무침

배합(무 200g 분량)

참기름 2작은술
으깬 참깨, 설탕 각 1작은술
다진 마늘, 소금 약간씩

당근 무침

배합(당근 1/2개 분량)

참기름 1큰술
으깬 참깨 1작은술
다진 마늘, 소금, 후추 약간씩

고비 나물 무침

배합(고비 200g 분량)

참기름 2작은술
간장 1큰술
으깬 참깨, 고추장 1작은술씩
설탕, 다진 마늘 약간씩

토란이나 무와 같이 담백한 채소에

채소 참깨조림

배합(토란 8개 분량)

조미액

- 설탕 1/2큰술
- 청주 1/2큰술
- 미림 1/2큰술
- 간장 1큰술
- 맛국물 1.5컵

마무리 양념

- 으깬 참깨 2큰술

메모

단맛이 도는 조림요리에 참깨의 진미를 더해 줍니다.

토란 참깨 조림 만드는 법

재료(4인분)

토란 8개
위의 배합 조미액, 마무리 양념
소금 약간

만드는 법

1. 토란은 껍질을 벗기고 소금으로 문질러 점액을 벗겨낸다.
2. 냄비에 조미액과 토란을 넣고 중불로 끓이면서 거품을 걷어내고 뚜껑을 얹어 약불에서 조린다.
3. 국물이 적어지면 뚜껑을 열고 국물이 없어질 때까지 조린다. 마무리 양념으로 참깨를 넣고 골고루 무친다.

삼치 같은 담백한 생선에

참깨 된장 생선조림

배합(생선 4토막 분량)

물 1.5컵
으깬 검은깨 6큰술
붉은 된장 2큰술
미림 2큰술
설탕 1큰술
간장 2작은술

만드는 법

냄비에 모든 재료를 넣고 끓이다 생선을 넣고 뚜껑을 덮는다. 끓기 시작하면 국물을 생선에 끼얹어가면서 10분 정도 더 조린다.

다진 고기의 매운맛과 감칠맛이 듬뿍

일본식 탄탄면(担担麵)

배합(4인분)

양념

- 두반장 2작은술
- 다진 두시(豆豉, 콩을 쪄서 소금을 넣고 발효시킨 것) 1큰술
- 간장 3큰술
- 소금 약간
- 참깨페이스트 4큰술

수프

- 닭고기 육수 7컵

만드는 법

파, 마늘, 다진 생강을 볶다가 배합 양념과 다진 돼지고기를 넣고 볶은 후 수프를 넣고 조린다. 삶은 중화면을 넣으면 완성.

지방이 많은 돼지고기를 걸쭉하게 조린

돼지고기 검은깨 조림

배합(돼지고기 400g 분량)

조미액

- 물 1.5컵
- 청주 1/2컵
- 설탕 1.5큰술

양념

- 으깬 검은깨 4큰술
- 간장 2큰술

만드는 법

돼지고기는 뜨거운 물을 끼얹어 밑처리를 해둔다. 냄비에 조미액 재료와 돼지고기를 넣고 물을 보충해주면서 강불에서 30분 동안 익힌다. 양념 재료를 넣고 다시 30분을 조린 후 식혀서 맛이 들게 해준다.

흑과 백, 어떤 재료와 어울릴까?

지방이 많은 돼지고기는 향이 강한 검은깨를 넣어 풍미를 살려줍니다. 담백한 채소에는 기름기가 많은 흰깨를 넣어 진미를 더해주세요.

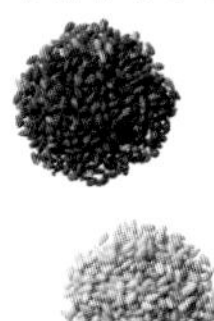

올리브유

올리브 이야기

올리브는 쓴맛이 강한 과실이지만 소금에 절여 시판하는 올리브 병조림은 떫은맛을 없애기 위해 가공처리하거나 발효시켜서 만듭니다.

올리브 절임

올리브 열매를 소금으로 절일 때는 덜 익은 녹색 열매와 완전히 익은 검은 열매로 만듭니다.

고르는 법과 종류

일본에서 판매하는 올리브유는 제조 방법에 따라 크게 두 가지로 나눌 수 있습니다. 요리에 따라 구분해서 사용하면 좋아요.

엑스트라버진 올리브유

과실에서 짜낸 그대로의 신선함이 있으며 향과 맛이 진합니다.

추천요리
샐러드, 파스타

퓨어 올리브유

버진유와 정제유를 섞은 것으로 불로 조리는 요리에 사용합니다.

추천요리
튀김, 볶음

정제 올리브유

낮은 등급의 버진오일을 화학적으로 정제한 것입니다.

오일 중 우등생

올리브 열매에서 짠 기름으로 이탈리아 요리에는 빼놓을 수 없는 올리브유. 70%를 차지하는 올레인산은 나쁜 저밀도의 콜레스테롤을 낮춰주는 효과를 지닌 건강에 좋은 제품입니다. 또한 혈당치 상승을 억제해서 혈압을 낮추는 작용도 해 유지방류 제품 중에 가장 몸에 좋은 오일입니다.

요리에 사용하면 달콤한 과일 향과 깊이가 고급스러운 맛을 내줍니다. 놀랄 만큼 비싼 제품도 있지만, 최근에는 비교적 낮은 가격의 수입품을 살 수 있습니다.

좋아하는 풍미를 찾아서

인류가 처음 손에 넣은 오일로 황금의 액체로 불립니다. 산지와 올리브의 종류에 따라 색과 향이 다릅니다.

엑스트라버진 올리브유는 드레싱이나 브루스케타(bruschetta), 그리고 버터 대신에 빵에 발라서 먹는 등 가열하지 않고 그대로 사용합니다. 좋아하는 풍미를 찾아보는 것도 좋습니다.

가열 음식에 사용하는 퓨어 올리브유와 함께 직사광선이 닿지 않는 시원한 곳에 보관하고 빠른 시간 내에 사용해주세요.

피자, 파스타, 감자에

제노베제(genovese) 소스

배합(만들기 편한 분량)

마늘 2톨
잣 50g
안초비 5장
올리브유 250ml
바질 300g
고춧가루 약간

만드는 법

마늘, 잣, 안초비를 믹서로 갈아 퓌레 상태로 만든다. 올리브유와 바질을 서로 번갈아가며 조금씩 넣어 믹서를 돌린다. 크림 상태가 되면 고춧가루를 넣고 섞는다.

와인에 잘 어울리는

올리브 간 페이스트

배합(만들기 편한 분량)

간(크게 잘라 피를 빼 둔다) 100g
올리브유 2큰술
얇게 썬 마늘 1톨 분량
얇게 썬 양파 1/4분량
올리브 5개
양송이버섯 3개
와인 약간
소금, 후추 약간씩

만드는 법

올리브유를 두른 프라이팬에 마늘을 볶아 향을 낸 후 양파와 간을 넣어 볶는다. 소금, 후추, 와인, 양송이버섯, 올리브를 넣고 가볍게 섞은 다음 불을 끈다. 식으면 믹서로 갈아준다.

채소나 바게드에 곁들이는

소금 누룩 올리브유 페이스트

배합(만들기 편한 분량)

올리브유 500ml
소금 누룩(누룩, 소금, 물을 섞어 발효한 일본 전통 조미료) 8큰술

만드는 법

소금 누룩과 올리브유를 유화(乳化)될 때까지 믹서로 갈아준다.

채소의 단맛을 살려주는

당근 페이스트

배합(만들기 편한 분량)

당근 1개
당근 삶은 물 적량
올리브유 1큰술
소금 1/2큰술

만드는 법

당근은 통째로 약불에서 삶는다. 큼직하게 잘라 올리브유, 소금, 당근 삶은 물을 조금 넣고 믹서로 갈아준다.

채소, 고기, 생선! 어떤 재료와도 잘 어울리는

타프나드

배합(4인분)

그린 올리브(씨 제거) 100g
으깬 마늘 1톨
안초비 3장
케이퍼(caper, 식초절임) 8알
다진 양파 2큰술
올리브유 1/2컵

만드는 법

모든 재료를 믹서에 넣고 반죽 같은 상태가 될 때까지 갈아준다.

타프나드(tapenade)란?

프랑스 프로방스의 지방요리. 현지에서는 빵에 바르거나 삶은 달걀에 곁들여 감자에 버무리는 등 다양한 방법으로 즐겨먹습니다. 블랙 올리브로 만들기도 해요.

노릇하게 구워 쪄내는

아쿠아 팟짜

배합(도미 한 마리 분량)

기본 양념
- 다진 마늘 2톨 분량
- 올리브유 2큰술

조미액
- 방울토마토 7~8개
- 화이트와인 2/3컵

마무리 양념
- 소금, 후추 적량씩

아쿠아 팟짜 레시피

재료(4인분)

도미 1마리

A
- 바지락(해감한 것) 200g
- 블랙 올리브 8개
- 케이퍼 1큰술
- 로즈마리 1가지

위의 배합 양념, 조미액, 마무리 양념

다진 이탈리안 파슬리 적량

소금, 후추 약간씩

만드는 법

1. 도미는 다듬어서 양면에 칼집을 내고 소금, 후추를 뿌려둔다.
2. 냄비에 기본 양념을 넣고 달군 후 도미를 넣고 양면을 굽는다. A와 조미액을 넣고 뚜껑을 덮어 바지락이 입을 벌릴 때까지 찐다.
3. 마무리 양념을 넣고 불을 끈다. 마지막에 이탈리안 파슬리를 뿌린다.

파나 꽃양배추 등의 채소에

오일 비네거 찜

배합(파 2개 분량)

기본 양념
- 회향 씨앗 1/2작은술
- 올리브유 2큰술

마무리 양념
- 사과 식초 3큰술
- 굵은 후추 약간

만드는 법

프라이팬에 기본 양념을 넣고 중불에서 가열한다. 채소를 넣고 굴리듯이 섞어주고 기름을 두른다. 마무리 양념 중에 사과 식초를 두르고 뚜껑을 닫고 찐다. 마지막에 굵은 후추를 뿌린다.

살이 오른 고등어 직화구이에

생선 콩피

(confit, 고기, 생선 등의 자체 지방으로 천천히 익힌 요리)

배합(생선 4토막)

이탈리안 파슬리 3개

타임 1가지

마늘 1/2톨

통후추 5알

월계수잎 1장

올리브유 1/2컵

만드는 법

생선에 소금을 뿌려 수분을 빼내고 지퍼팩에 위의 모든 재료와 함께 넣는다. 냄비에 지퍼팩이 잠길 정도의 물을 넣고 끓인다. 끓기 시작하면 불을 끄고 지퍼팩을 넣어 10분간 둔다.

오븐에서 천천히 가열하는

닭 모래집 콩피

배합(닭 모래집 500g 분량)

소금 1큰술

후추 1/3작은술

타임 3가지

월계수잎 3~4장

로즈마리 1가지

올리브유 1컵

만드는 법

위생 비닐봉지에 닭 모래집과 위의 배합 재료를 모두 넣고 하룻밤 둔다. 오븐에 넣을 수 있는 크기의 냄비에 재료를 담아 끓이기 시작해 닭 모래집에서 거품이 나면 뚜껑을 덮고 불에서 내린다. 110℃로 예열한 오븐에 옮겨 2시간 동안 찐다.

아쿠아 팟짜(acqua pazza)란?

올리브유로 생선을 굽고 물과 와인만으로 찜을 한 이탈리아 요리. 부용(Bouillon)이나 맛국물을 사용하지 않기 때문에 머리와 뼈를 제거하지 않고 생선 한 마리를 통째로 찌는 것이 가장 맛있다고 합니다.

파스타 소스

어른부터 아이까지 모두가 좋아하는 맛

명란 소스

배합(4인분)

명란 2개
레몬즙 1/2개 분량
마요네즈 6큰술

만드는 법

명란을 풀어주고 레몬즙과 마요네즈를 넣고 섞는다.

짙은 풍미의 치즈소스

고르곤졸라(gorgonzola) 소스

배합(4인분)

고르곤졸라 치즈 100g
마늘 2톨
생크림 1과 1/3컵
버터 2작은술
올리브유 2작은술
굵은 후추 적량

만드는 법

치즈를 으깨고 마늘은 두들겨서 으깬다. 프라이팬에 버터와 올리브유, 마늘을 넣고 강불에서 향을 낸다. 생크림과 치즈를 넣고 섞은 후 약불로 조린다. 마늘을 꺼내고 굵은 후추를 뿌린다.

깊은 맛의

안초비 크림 소스

배합(4인분)

다진 안초비 4~5장 분량
생크림 1컵
마늘 1톨
가늘게 썬 베이컨 4장 분량
올리브유 4큰술
후추 약간

만드는 법

마늘은 두들겨 으깬다. 올리브유를 두른 프라이팬에 마늘과 안초비, 베이컨을 볶는다. 안초비가 녹으면 생크림을 조금씩 넣어가면서 조리고 마무리로 후추를 뿌린다.

싱그러운 토마토 냉(冷) 파스타

켓카 소스

(checca, 바질, 토마토, 올리브유로 만든 소스)

배합(4인분)

토마토 8개
크게 다진 마늘 1톨 분량
엑스트라버진 올리브유 4큰술
생 바질 10장
소금, 후추 약간

만드는 법

토마토는 뜨거운 물에 넣어 껍질을 벗기고 가로세로 1cm로 자른다. 볼에 토마토, 마늘, 소금, 후추, 올리브유, 크게 찢은 바질 순서로 넣고 섞는다.

참깨와 올리브유의 향이 잘 어울리는

일본식 참깨 소스

배합(4인분)

다진 마늘 4톨 분량
홍고추(씨 뺀 것) 2개
으깬 참깨 4큰술
소금 적량
올리브유 3큰술

만드는 법

프라이팬에 올리브유, 마늘을 넣고 중간 불로 가열한다. 마늘에서 기포가 생기면 불을 끄고 남은 재료를 모두 넣고 섞는다.

파스타, 도리아, 그리고 삶은 채소에

브로콜리 소스

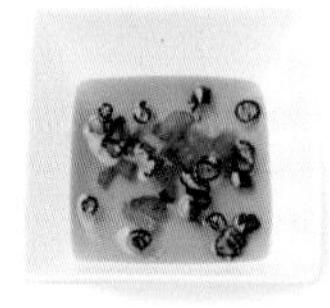

배합(4인분)

브로콜리 2개
다진 안초비 3장 분량
다진 마늘 1톨 분량
홍고추 1개
발사믹 치즈 1/4컵
올리브유 5큰술

만드는 법

브로콜리는 기둥별로 분리해주고 부드러워질 때까지 삶는다. 삶은 물은 버리지 않고 둔다. 프라이팬에 올리브유 3큰술, 마늘, 안초비, 홍고추를 넣고 약불에서 향을 낸다. 브로콜리를 넣고 불을 중불로 키운다. 브로콜리 삶은 물 1컵을 넣어주면서 볶는다. 불을 끄고 남은 올리브유와 치즈를 넣는다.

심플하게 고추의 풍미를 즐기는

페페론치노

배합(4인분)

잘게 썬 홍고추 4개 분량
얇게 썬 마늘 2톨 분량
올리브유 4~5큰술

만드는 법

프라이팬에 올리브유와 마늘, 홍고추를 넣고 약한 불로 마늘에 옅은 갈색이 돌때까지 천천히 볶는다. 마늘이 바삭해지면 불을 끈다.

Mayonnaise, Ketchup, Sauce

15 mL 1 TABLESPOON

마요네즈
케첩
소스

마요네즈

달걀 이야기

달걀에 콜레스테롤이 많이 포함되어있다고 하지만, 실은 혈중 콜레스테롤을 억제하는 성분도 포함하고 있습니다.

유화(乳化) 이야기

오일과 식초가 섞인 마요네즈. 다른 드레싱처럼 분리되지 않는 이유는 달걀노른자에 포함된 성분의 유화작용 때문입니다.

달걀의 유화작용으로 기름기는 느껴지지 않지만, 재료의 대부분이 식물성 오일 등의 지방질로 되어있습니다. 단, 칼로리가 높으니 섭취량은 알맞게 조절해야 합니다.

마요러의 출현!

마요네즈는 처음 판매를 시작했을 때 대중들에게 좀처럼 받아들여지지 못했습니다. 하지만 요즘은 식생활이 서구화되어 일본에서는 모든 음식에 마요네즈를 발라먹을 정도로 마요네즈를 좋아하는 사람, 일명 '마요러(マヨラー)'가 출현할 정도로 식탁에 정착해있습니다.
미요네즈는 생략해서 '마요'라고 부르며 참치 마요, 새우 마요, 명란 마요 등 삼각김밥의 내용물로도 많이 이용하고 있습니다.
미국에서 들어왔을 당시의 맛을 현지(現地) 입맛에 맞춰 새롭게 개발하고 칼로리도 낮춘 마요네즈들이 현재는 마요네즈의 원조인 미국에서도 인기가 많습니다.

수제 마요네즈 즐기기

마요네즈는 식물성 오일과 양조식초를 달걀로 유화시켜 소금, 조미료 등으로 간을 해서 만듭니다. 유화란 물과 기름, 기름과 식초와 같이 원래는 섞이지 않는 액체가 잘 섞여 어우러지는 것을 말합니다.
시중에는 다양한 마요네즈를 만들어서 팔고 있으며, 좋은 재료를 선택하거나 오리지널 맛을 탐구하는 마음으로 마요네즈를 가정에서 직접 만드는 사람도 늘고 있습니다. 마요네즈를 약간 응용한 타르타르 소스, 오로리(Aurore) 소스도 인기를 얻고 있습니다. 단, 직접 만든 마요네즈는 유효 기간이 짧으므로 보관에 주의하며 될수록 빨리 사용하길 바랍니다.

노른자 마요네즈

달걀의 흰자와 노른자를 사용한 전란 타입보다 맛이 진합니다.

마요네즈 타입

다른 마요네즈에 비해 칼로리가 적어 노콜레스테롤 타입의 마요네즈를 총칭합니다.

전란 마요네즈

달걀을 모두 사용한 마요네즈로 부드럽고 다른 재료와 잘 섞입니다.

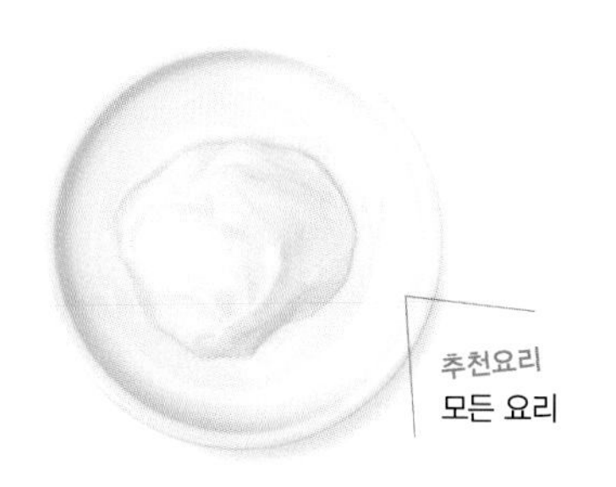

두유 마요네즈

달걀을 사용하지 않고 두유와 식초, 머스터드로 만든 마요네즈입니다.

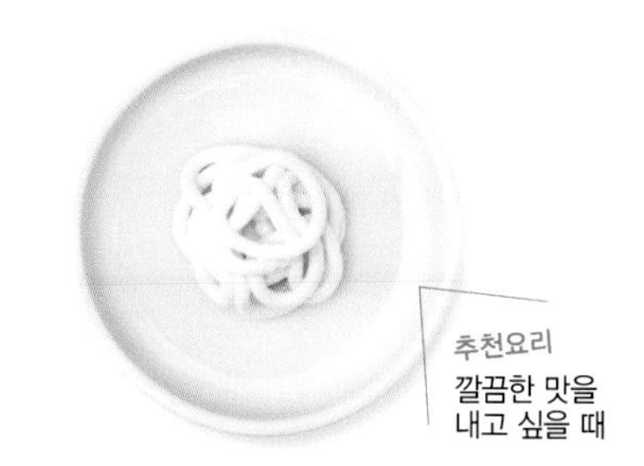

고르는 법과 종류

건강을 고려해 만든 마요네즈 제품이 많습니다. 재료와 제법에 따라 깔끔한 맛부터 깊이가 있는 맛까지 그 맛도 다양합니다.

생채소를 먹지 않았다?

마요네즈의 어원은 여러 가지 설이 있지만, 스페인 메노르카섬(현재의 Menorca)의 수도인 마욘(Mahon) 항구에서 만들어졌다고 합니다. 마욘(Mahon)과 '~풍의(aise)' 의미의 접미어가 혼합해 "마요네서 = 마욘풍"이라는 이름이 만들어졌다는 설이 가장 유력합니다.

일본에 시판되기 시작한 것은 1925년. 제조회사의 창업자가 유학 중이던 미국에서 사람들이 익히지 않은 채소에 마요네즈를 발라 먹는 모습을 보고 들여왔다고 합니다. 지금은 샐러드바가 대중화 되었지만, 그 당시 일본은 채소를 생으로 먹는 습관이 전혀 없습니다. 처음에는 병에 넣은 제품을 팔았지만, 쇼와시대에 들어서면서 튜브 타입이 만들어져 주류가 되었습니다.

사용법

샐러드나 튀김 소스로 곁들입니다. 그 외에도 볶을 때 넣어주거나 핫케익이나 햄버그 스테이크(이후 햄버그로 표기) 반죽에 넣어주는 등 아이디어에 따라 다양하게 사용할 수 있습니다.

조리 효과

- 반죽을 폭신하게 부풀려줍니다. 햄버그나 핫케익 반죽에 사용합니다.
- 부드러운 맛이 나는 프렌치드레싱으로도 좋습니다.
- 피자 토스트나 그라탱에 사용하면 진한 맛을 내줘요.

보관방법

뚜껑을 꽉 닫아 그늘지고 서늘한 곳에 보관합니다. 개봉 후에는 오일이 산화하기 때문에 한 달 안에 전부 사용하는 것이 좋아요. 0도 이하, 30도 이상의 온도에서 분리되므로 주의해서 보관합니다.

새우가 더 맛있어지는

새우 마요의 기본

배합(새우 400g 분량)

기본 양념
- 다진 마늘 1톨 분량
- 다진 생강 1조각 분량
- 식용유 2큰술

조미액
- 닭고기 육수 4큰술

마무리 양념
- 마요네즈 4큰술
- 간장 2작은술

메모

아이들에게는 마요네즈 4큰술, 토마토케첩 1큰술, 연유 1/2큰술로 만들어주세요. 아이들 입맛에 더 잘 맞습니다.

기본 레시피

재료(4인분)

새우 400g
양상추 1/2개
다진 파 1/2개 분량
위의 배합 기본 양념, 조미액, 마무리 양념
소금, 후추 약간씩

취향에 따라
- 물냉이 잎 부분만 1개 분량

만드는 법

1. 새우는 껍질을 벗기고 소금, 후추를 뿌려놓는다.
2. 프라이팬에 기본 양념을 넣고 볶다가 향이 나기 시작하면 새우를 넣고 볶은 다음 조미액을 넣고 조린다. 마지막에 파와 마무리 양념을 넣어 간을 맞춘다.
3. 먹기 좋은 크기로 자른 양상추와 물냉이를 그릇에 깔고 2를 담는다.

양배추 채를 풍성하게 얹은

돼지고기 마요 볶음

배합(돼지고기 300g 분량)

마요네즈 5큰술
연겨자 1큰술
간장 1.5큰술
마늘즙 1/2작은술
청주 2큰술

만드는 법

돼지고기를 볶다가 청주를 넣어 알코올 성분이 날아가면 남은 조미료를 모두 넣는다.

조개류와 버섯류에 추천

밀크 마요 볶음

배합(가리비살 150g 분량)

기본 양념
- 얇게 썬 생강 2조각 분량
- 얇게 썬 파 10cm 분량
- 두반장 약간
- 식용유 1큰술

볶음장
- 마요네즈 4큰술
- 전분가루 1작은술
- 국간장 2작은술
- 우유 1/2컵

만드는 법

프라이팬에 기본 양념 재료를 볶다가 볶음장 재료를 넣는다. 끓기 시작하면 미리 살짝 데쳐놓은 가리비살을 넣고 섞는다.

무와 오이 등 담백한 채소에

매콤한 채소 마요 볶음

배합(무 1/2개 분량)

기본 양념
- 다진 마늘 1작은술
- 다진 생강 1작은술
- 식용유 1큰술

볶음장
- 마요네즈 2큰술
- 간장 1큰술
- 두반장 2작은술
- 소금 약간

만드는 법

프라이팬에 기본 양념을 볶다가 스틱썰기 한 무를 넣고 볶는다. 볶음장으로 간을 한다.

볶음에도 마요네즈

냉장고에 무밖에 없을 때 마요네즈만 있어도 일품요리를 만들 수 있습니다. 볶아주면 부드러운 맛이 나는 마요네즈에 두반장의 매운 맛을 더하면 감칠맛이 도는 볶음 요리가 완성됩니다.

밥에도 잘 어울리는

고기 마요 구이

배합(고기 300g)

소스

마요네즈 1큰술
된장 1큰술
다진 파 12cm

메모

마요네즈를 넣으면 맛이 더 진해져 담백한 닭고기에 잘 어울립니다.

닭고기 마요네즈구이 레시피

재료(4인분)

닭가슴살 300g
피자용 치즈 적량
청주 1큰술
소금 약간
위의 배합 소스

취향에 따라

꼬투리 강낭콩

만드는 법

1. 닭고기는 껍질을 제거하고 얇게 편 썰어 청주와 소금으로 밑간을 해둔다.
2. 닭고기를 그릴에서 5분 정도 굽다가 뒤집어서 치즈와 섞어놓은 배합 소스를 얹어 2분 동안 더 구워준다.
3. 그릇에 담고 데친 꼬투리 강낭콩을 곁들어 낸다.

연어, 대구, 굴에 어울리는

생선 마요 구이

배합(생선 4토막 분량)

마요네즈 6큰술
삶은 달걀노른자(반숙) 1개 분량
치즈 가루 2큰술
간장 약간

만드는 법

모든 재료를 잘 섞는다. 생선은 프라이팬에 반만 익힌 후 배합의 재료를 섞은 소스를 발라 완전히 굽는다.

에스카르고풍 양송이 요리

버섯 마요 구이

(escargot, 프랑스 달팽이 요리)

배합(양송이버섯 20개 분량)

마요네즈 1/3컵 강
빵가루 1/2컵
다진 파슬리 2큰술
다진 마늘 2작은술

만드는 법

양송이버섯은 밑둥을 잘라낸다. 위의 배합 재료를 모두 섞어 양송이버섯의 움푹한 부분에 채워 넣는다. 그라탱 그릇에 나란히 담아 180℃로 예열한 오븐에 15분 동안 굽는다.

스테이크에 곁들이는

감자 마요 구이

배합(감장 3개 분량)

마요네즈 1/2컵
다진 마늘 1톨 분량
우스터 소스 1/2작은술
다진 허브(좋아하는 종류) 1/4컵

만드는 법

재료를 전부 섞는다. 초벌 삶기를 한 감자에 끼얹어 오븐에서 노릇하게 굽는다.

두부 산적으로

두부 마요 구이

배합(두부 1모 분량)

마늘즙 1작은술
간장 2작은술
마요네즈 5큰술

만드는 법

모든 재료를 잘 섞는다. 두부는 물기를 제거하고 가로로 2등분한다. 두부에 섞은 재료를 얹고 오븐에 3분 동안 굽는다.

마요네즈로 케이크 만들기

마요네즈를 사용하면 달걀이나 버터가 없어도 케이크를 만들 수 있습니다. 볼에 마요네즈 3큰술과 설탕 100g를 섞어 우유 1컵에 풀어주세요. 여기에 밀가루 200g와 베이킹파우더 1작은술을 체에 쳐서 넣어줍니다. 틀에 반죽을 부어주고 180℃로 예열한 오븐에서 40분 동안 구우면 파운드케이크와 비슷한 맛의 케이크가 완성됩니다.

소스

마요네즈 딥 15종

무 샐러드나 아스파라거스에
명란 마요네즈

배합(만들기 편한 분량)
마요네즈 4큰술
명란 1개
레몬즙 1/2큰술

만드는 법
명란과 마요네즈를 섞은 다음 레몬즙을 뿌려 잘 섞는다.

건강 소스
콩 마요네즈

배합(만들기 편한 분량)
두유(무조정) 1/2컵
식초 2큰술
소금 1/6작은술
후추 약간

만드는 법
볼에 두유와 식초를 넣고 잘 섞는다. 끈기가 생기면 소금, 후추로 간을 한다.

푸른 채소나 무침에 어울리는
일본식 참깨 마요네즈

배합(만들기 편한 분량)
마요네즈 1.5큰술
간장 2작은술
참깨 1/2큰술
설탕 1작은술

만드는 법
모든 재료를 잘 섞는다.

양상추에 잘 어울리는
다시마 마요네즈

배합(만들기 편한 분량)
염장다시마 20g
마요네즈 4큰술

만드는 법
염장다시마를 잘게 다져 마요네즈와 함께 버무린다.

김말이 초밥의 응용
고추냉이 마요네즈

배합(만들기 편한 분량)
마요네즈 4큰술
연고추냉이 2작은술
간장 1작은술

만드는 법
모든 재료를 잘 섞는다.

해산물 샐러드에
오렌지 마요네즈

배합(만들기 편한 분량)
오렌지즙 1컵
레몬즙 2큰술
식용유 6큰술
마요네즈 1큰술
소금 약간
후추 약간

만드는 법
오렌지즙은 가열해서 졸인 후 식힌다. 여기에 레몬즙, 식용유, 소금, 후추를 넣고 잘 섞은 다음 마지막에 마요네즈를 넣고 섞는다.

채소 그릴 구이에 곁들이는
사과 사워 마요네즈

배합(만들기 편한 분량)
플레인 요구르트 120g
마요네즈 60g
사과 1/2개
소금 약간
후추 조금

만드는 법
깨끗이 씻은 사과는 껍질째 1cm 크기로 깍둑썰기 한다. 볼에 모든 재료를 넣고 섞는다.

진하고 부드러운 맛
치즈 마요네즈

배합(만들기 편한 분량)
마요네즈 1큰술
크림치즈 50g

만드는 법
크림치즈는 실온에 꺼내 놓고 부드러워지면 마요네즈와 섞는다.

햄 샌드위치에 잘 어울리는
연겨자 마요네즈

배합(만들기 편한 분량)
마요네즈 4큰술
연겨자 1/2작은술

만드는 법
모든 재료를 잘 섞는다.

산나물에 어울리는
가쓰오부시 마요네즈

배합(만들기 편한 분량)
마요네즈 2큰술
간장 1/2큰술
가쓰오부시 6g
소금 약간

만드는 법
모든 재료를 잘 섞는다.

섞기만 하면 되는 이탈리아 요리
바냐 카우더 마요네즈
(Bagna càuda, 올리브유, 안초비, 버터 등으로 만든 이탈리아의 뜨거운 디핑 소스)

배합(만들기 편한 분량)
마요네즈 5큰술
다진 안초비 2장 분량
간 마늘 약간

만드는 법
모든 재료를 잘 섞는다.

매콤한
핫 마요네즈

배합(만들기 편한 분량)
백만송이버섯 1/2팩
마요네즈 5큰술
두반장 1큰술 강
청주 1큰술 강

만드는 법
백만송이버섯은 밑동을 잘라내고 굵직하게 다진다. 프라이팬에 마요네즈, 두반장, 청주를 넣고 불을 켜서 백만송이버섯을 볶는다.

냉두부에 올려 먹는
참깨 된장 마요네즈

배합(만들기 편한 분량)
마요네즈 5큰술
으깬 참깨 4큰술
배합 된장 1큰술
설탕 1작은술

만드는 법
모든 재료를 잘 섞는다.

구운 닭고기에 곁들이면 좋은
유자후추 레몬 마요네즈

배합(만들기 편한 분량)
마요네즈 2큰술
유자후추 1작은술
레몬즙 1작은술

만드는 법
모든 재료를 잘 섞는다.

건강에도 좋은 상큼한 맛
오이 마요네즈

배합(만들기 편한 분량)
마요네즈 4큰술
오이 1개

만드는 법
오이는 강판에 갈아 가볍게 즙을 짠 후 마요네즈와 잘 섞는다.

해산물 튀김에 빼놓을 수 없는

타르타르 소스

배합(만들기 편한 분량)

크게 다진 양파 1/6개 분량
크게 다진 삶은 달걀 1개 분량
크게 다진 피클 1/2개 분량
크게 다진 케이퍼 1작은술
마요네즈 4큰술
씨겨자 1작은술
소금 1꼬집
설탕 1꼬집
후추 적량

만드는 법

모든 재료를 잘 섞는다.

냉장고에 있는 절임 재료로

일본식 타르타르

배합(만들기 편한 분량)

마요네즈 4큰술
다진 삶은 달걀 1/2개 분량
다진 생강(단식초 절임) 1큰술
잘게 썬 산파(山-) 2개 분량

만드는 법

식초로 절인 생강은 생강만 꺼내서 사용한다. 모든 재료를 잘 섞는다.

맛을 응축시키는 매운맛

머스터드 마요네즈

배합(만들기 편한 분량)

마요네즈 2큰술
머스터드 1작은술

만드는 법

재료를 잘 섞는다.

고기 튀김에도

그린 소스

배합

마요네즈 1/3컵
물냉이 1/3단
생고추냉이(갈은 것) 2작은술
청주 1작은술

만드는 법

물냉이는 가지 끝의 부드러운 부분을 따내서 다진다. 남은 재료와 잘 섞는다.

일본식 샌드위치에는

매실 마요네즈

배합(만들기 편한 분량)

마요네즈 1/2컵
다진 매실장아찌 2큰술

만드는 법

매실장아찌는 씨를 제거하고 다진 후 페이스트 상태로 2큰술 분량을 만들어 둔다. 마요네즈에 넣고 잘 섞는다.

카레 가루의 양은 취향에 따라

카레 마요네즈

배합(만들기 편한 분량)

마요네즈 1/2컵
카레 가루 1~1과 1/3작은술
양파즙 1큰술
레몬즙 1작은술

만드는 법

모든 재료를 잘 섞는다.

닭고기에도 타르타르 소스를

타르타르 소스에 어울리는 요리는 새우튀김만이 아닙니다. 튀긴 닭고기를 남반 식초에 절여 타르타르 소스를 곁들인 남반 닭고기는 일본 미야자키 현의 향토 요리랍니다.

언제나 맛있는 황금 레시피

감자 샐러드의 기본

배합(감자 큰 것 3개 분량)
당근 1/2개
오이 1개
양파 1/2개
햄 4장
마요네즈 3큰술
소금 약간
후추 약간

기본 레시피

재료(4인분)
감자(대) 3개
소금 약간
위의 배합 재료

만드는 법

1 감자는 6등분해서 물에 넣고 전분기를 뺀다. 당근은 4등분한다.
2 1이 부드러워질 때까지 소금을 넣은 끓는 물에 삶는다. 물기를 제거하고 감자의 수분을 없앤다.
3 감자는 볼에 넣고 뜨거울 때 으깨 소금을 넣고 섞는다.
4 당근은 열기가 완전히 빠지면 1mm 두께로 반달썰기 한다. 오이는 얇게 썰어 소금물에 넣고 주물러서 물기를 짜낸다. 양파는 다져서 물에 담가 놓는다. 햄은 가로세로 1cm로 자른다.
5 3의 볼에 4를 넣고 마요네즈, 소금, 후추로 간을 하고 잘 섞는다.

매운맛이 섞인

크림치즈 머스터드 감자 샐러드

배합
크림치즈 30g
머스터드 2큰술
소금 약간

만드는 법
기본 레시피를 참고해서 감자를 삶는다. 위의 재료를 전부 잘 섞는다.

고추냉이로 맛을 응축한

일본식 참깨 감자 샐러드

배합
검은깨 3큰술
잘게 썬 파(잎 부분) 3큰술
마요네즈 1/2큰술
연고추냉이 1큰술
소금 약간

만드는 법
기본 레시피를 참고해서 감자를 삶는다. 위의 재료를 전부 잘 섞는다.

안초비로 간을 한

안초비 레몬 감자 샐러드

배합
안초비 3장
마요네즈 1큰술
굵은 후추 1큰술
레몬즙 3큰술

만드는 법
기본 레시피를 참고해서 감자를 삶고 안초비는 크게 다진다. 모든 재료를 잘 섞는다.

고급스러운 맛을 느끼고 싶을 땐

아보카도 감자 샐러드

배합
아보카도 1개
레몬즙 2큰술
마요네즈 1큰술
소금 약간

만드는 법
기본 레시피를 참고해서 감자를 삶고 아보카도는 1cm 크기로 깍둑썰기를 한다. 모든 재료를 잘 섞는다.

그 외에도

연어 감자 샐러드
콘비프 감자 샐러드
양파튀김 감자 샐러드

소금기나 기름기가 있는 재료는 감자 샐러드에 잘 어울립니다.
자신만의 개성 있는 감자 샐러드를 만들어보세요.

토마토케첩

토마토

토마토 이야기

토마토는 수분이 많아서 보관과 운반이 어려운 채소입니다. 그러나 토마토의 감칠맛은 많은 사람을 매료시켜서 가공식품으로 개발되었습니다.

사용법

달걀 요리에 가장 많이 사용되며 감자튀김도 찍어 먹습니다. 채소조림과 생선구이 등 일본식 요리에도 잘 어울립니다.

고르는 법과 종류

조미가 되어있는 케첩은 주로 조미료로 사용하고, 간이 안 된 토마토 페이스트는 다양한 요리에 사용합니다.

토마토케첩

감칠맛과 신맛, 단맛을 다 갖춘 조미료로 삶거나 볶는 요리에도 잘 어울려요.

토마토 페이스트

토마토를 가는 체에 내려 졸인 것으로 조림요리에 진미를 더해줍니다.

토마토 캔

뜨거운 물에 토마토 껍질을 벗겨서 주스에 넣고 절인 식재료입니다. 수입품이 많습니다.

건강에 좋은 서양 조미료

잘 익은 토마토를 졸여 가는 체에 내린 토마토 페이스트에 소금, 식초, 설탕, 향신료 등을 넣어 조미한 것이 토마토케첩입니다. 선명한 붉은 색은 보기에도 화려한 느낌이 들어서 오므라이스 등 달걀 요리의 마무리에 사용합니다.

토마토케첩의 균형 잡힌 맛은 재료의 밑처리를 하거나 재료 본연의 맛을 살려주는 조미료로도 활약합니다. 또한 붉은색 성분인 리코핀이 생토마토보다 더 많이 함유되어 있어서 암 예방, 노화방지 효과, 피로회복 효과를 기대할 수 있는 건강식품입니다.

토마토만이 아니다?

토마토케첩은 1908년 마요네즈보다 한발 앞서 일본에 들어왔습니다.

일본에서는 일반적으로 케첩은 토마토케첩을 의미하지만, 원래 케첩은 해산물을 기본 재료로 한 소스와 식물을 재료로 하는 소스 등 소스 전체를 의미합니다. 세계적으로는 양송이버섯케첩, 호두케첩 등을 사용하고 있습니다. 냄새와 기름기를 없애주는 효과가 있어 아이들이 싫어하는 요리에 케첩을 발라주면 편식을 예방할 수 있습니다.

모두가 좋아하는 달콤한 칠리 소스

칠리 새우의 기본

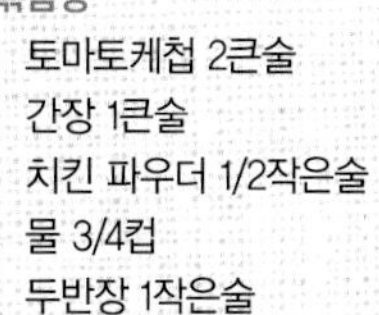

배합(새우 300g 분량)

볶음장

- 토마토케첩 2큰술
- 간장 1큰술
- 치킨 파우더 1/2작은술
- 물 3/4컵
- 두반장 1작은술

메모

새우를 볶아서 꺼낸 다음, 마지막에 소스를 넣어 버무리듯이 볶아서 완성한다.

칠리 새우의 기본 레시피

재료(4인분)

새우 300g
다진 마늘 1톨 분량
다진 생강 1조각 분량
다진 파 1/4대 분량
소금, 후추 약간씩
식용유 1.5큰술
위의 배합 볶음장, 물전분(전분가루 1큰술, 물 1큰술)

만드는 법

1. 새우는 다듬어서 소금, 후추를 뿌려 오일(분량 외)에 살짝 볶은 다음 꺼낸다.
2. 식용유를 두른 프라이팬에 마늘과 생강을 볶아서 향을 낸다.
3. 만들어 놓은 볶음장을 넣고 가열해서 끓어 오르면 물전분을 넣어 농도를 낸다.
4. 파를 넣고 1을 다시 넣어 소스와 잘 섞는다. 데운 다음 그릇에 담는다.

어른이 좋아하는 매운맛

일품 칠리 새우

배합(새우 300g 분량)

볶음장

- 두반장 1큰술
- 물 약간
- 토마토케첩 2큰술

육수 1/2컵
청주 1/2큰술
설탕 1작은술

만드는 법

기본 레시피를 참고한다. 볶음장은 만드는 법 2에서 넣는다. 그 외의 조미료는 만드는 법 3에서 넣는다.

닭튀김에 곁들여도 맛있는

부용해 단식초 녹말 소스

배합(부용해 4인분)

토마토케첩 4큰술
설탕 4큰술
식초 4큰술
청주 2큰술
닭고기 육수 1.5컵
전분가루 1큰술

만드는 법

모든 조미료를 합쳐서 끓여 농도를 낸다.

튀긴 생선을 버무리면

일본식 칠리 새우

배합(새우 300g)

다진 매실장아찌 1큰술
설탕 8큰술
토마토케첩 4큰술
간장 4큰술
청주 4큰술
식초 2큰술

만드는 법

모든 재료를 기본 레시피 만드는 법 3에서 넣어준다.

쇠고기와 소간에

고기케첩 볶음

배합(간 300g 분량)

토마토케첩 3큰술
간장 2큰술
청주 1큰술
미림 1큰술
물 1/2컵

만드는 법

볶은 간에 위의 배합 조미료를 넣고 섞어준다. 물전분으로 농도를 내면 완성. 카레 가루를 넣어도 맛있다.

비타민C가 듬뿍

토마토의 비타민C는 열에 강합니다. 마찬가지로 비타민C가 풍부한 간과 함께 만들면 비타민이 풍성한 반찬이 돼요. 토마토케첩의 산미와 단맛이 맛을 돋아줍니다.

밥

밥을 넣고 볶으면 완성

오므라이스의 기본

배합(밥 4공기 분량)
비엔나소시지 100g
옥수수 캔(홀타입) 2/3컵(100g)
크게 다진 양파 1/2개 분량
토마토케첩 6큰술
소금 1/3작은술
후추 약간

기본 레시피

재료(4인분)
밥 4공기 분량
위의 배합 재료 및 조미료
달걀 8개
우유 4큰술
소금, 후추 약간씩
버터 40g
식용유 1큰술

만드는 법

1 비엔나소시지는 5cm 두께로 자른다. 달걀은 풀어서 우유와 소금, 후추를 넣어 섞는다.
2 식용유를 두른 프라이팬에 양파를 부드럽게 볶는다. 위의 재료와 조미료를 넣고 수분이 없어질 때까지 볶는다. 밥을 넣고 함께 볶아 꺼낸다.
3 프라이팬을 닦고 버터 1인 분량(10g)을 녹여 풀어놓은 달걀을 1/4만 넣고 섞는다. 반숙 상태가 되면 달걀의 위에 2의 1/4 분량을 얹고 달걀로 감싼다. 그릇에 옮겨서 모양을 잡고 토마토케첩 적량(분량 외)을 뿌린다.

매운맛을 가미하는

치킨라이스 소보로

배합(밥 4공기 분량)
토마토케첩 100g
닭 다리(다진 것) 100g
후추 적량
고춧가루 적량
두반장 적량

만드는 법
프라이팬에 재료를 넣고 수분이 적당히 날아가도록 5~6분 정도 중불에서 조린다. 밥을 섞으면 치킨라이스로 변신한다.

타코라이스의 재료

타코 미트

배합(4인분)
다진 고기(쇠고기와 돼지고기를 섞은 것) 400g
크게 다진 양파 1개 분량
다진 마늘 1톨 분량
화이트와인 4큰술
토마토케첩 6큰술
우스터 소스 2큰술
설탕 1작은술
소금 2꼬집

만드는 법
마늘을 강불에 볶아 향이 나기 시작하면 양파, 다진 고기의 순서로 넣고 볶는다. 조미료를 위에 적힌 순서대로 넣고 함께 볶는다.

케첩이 없어도 깔끔한 맛

담백한 치킨라이스

배합(밥 4공기 분량)
닭 다리 1개
양파 1/2개
양송이버섯 8개
버터 4큰술
화이트와인 1/2컵
토마토퓌레 1컵
소금 1작은술
후추 약간

만드는 법
재료는 모두 작게 자른다. 버터를 녹인 프라이팬에 닭고기, 양파, 양송이버섯 순서로 넣고 볶는다. 조미료는 위에 적힌 순서대로 넣고 2~3분 정도 끓인다. 밥에 섞으면 치킨라이스가 된다.

타코라이스의 소스

살사 소스

배합(만들기 편한 분량)
방울토마토(4등분 한 것) 8개 분량
크게 자른 고수 1개 분량
토마토케첩 1큰술
레몬즙 1큰술

만드는 법
모든 재료를 잘 섞는다.

따끈따끈한 밥

막 지은 따끈한 밥으로

치킨라이스의 기본 양념에는 점도가 있어서 밥을 섞기 어렵습니다. 막 지은 따끈한 밥에 섞는 것이 중요 포인트입니다.

전자레인지로 만드는 데미글라스 소스로

해시라이스(하야시라이스)

배합(쇠고기 350g, 양파 2개 분량)
토마토케첩 1/4컵
레드와인 2큰술
돈가스 소스 2큰술
과립 수프 1작은술
양파즙 1큰술
월계수잎 1장
굵은 후추 약간
버터 1작은술

만드는 법
버터 이외의 재료를 전부 넣고 섞어서 랩을 씌우지 않고 전자레인지에서 약 2분 동안 가열한다. 뜨거울 때 버터를 넣고 잘 섞는다. 밀가루를 뿌린 쇠고기, 볶은 양파에 넣어 조리면 해시라이스가 된다.

일본이 원조인 서양의 맛

정통 해시라이스

배합(쇠고기 350g, 양파 2개 분량)
버터 2큰술
레드와인 2/3컵
콩소메 수프 2/3컵
월계수잎 1장
토마토케첩 1/2컵
소금, 후추 약간씩
간장 1큰술

만드는 법
밀가루 쇠고기와 반달썰기 한 양파를 버터로 볶는다. 나머지 재료를 위에 적힌 순서대로 넣고 조린다. 마무리로 간장을 넣는다.

어릴 때 먹었던 추억의 맛

복고풍 나폴리탄

배합(스파게티 320g 분량)
양파 1개
마가린 4큰술
토마토케첩 6큰술
우유 6큰술
소금, 후추 약간씩

만드는 법
양파는 2cm 크기로 깍둑썰기를 하고 마가린으로 오랫동안 볶는다. 햄과 피망 등 좋아하는 재료와 배합에 적힌 재료를 넣고 함께 볶는다. 삶은 파스타와 함께 섞는다.

진한 맛의 특별한 요리

맑은 나폴리탄

배합(스파게티 320g)
얇게 썬 양파 200g
올리브유 4큰술
토마토케첩 4큰술
데운 물 4큰술
파르메산 치즈 60g
버터 20g

만드는 법
올리브유으로 양파를 볶다가 햄과 피망 등 좋아하는 재료도 넣어 볶는다. 토마토케첩과 데운 물을 넣고 끓인다. 삶은 파스타와 파르메산 치즈를 넣고 잘 섞은 후 마지막에 버터를 넣고 한 번 더 섞어준다.

전문점의 맛 +

나폴리탄을 윤기 있게 만들고 싶다면 버터를 넣어 잘 섞어주세요. 보기에도 좋지만 식감도 부드러워집니다.

신맛과 단맛의 절묘한 균형

나폴리탄의 기본

배합(스파게티 320g 분량)
기본 양념
얇게 썬 양파 1개 분량
식용유 2큰술
조미료
토마토퓌레 8큰술
토마토케첩 4큰술
소금, 후추 약간씩

메모
토마토퓌레를 넣으면 모양도 깔끔하고 맛의 균형도 잘 이뤄집니다.

기본 레시피

재료(4인분)
스파게티 320g
소시지(또는 햄) 10개
피망 2개
양송이버섯(캔) 100g
위의 배합 기본 양념, 조미료

만드는 법
1 소시지는 7mm 두께로 어슷썰기하고 피망은 2mm 두께로 채 썬다.
2 파스타는 봉지에 적힌 기준에 따라 삶아 체에 건져둔다.
3 배합의 기본 양념을 볶다가 1과 양송이버섯을 넣어 함께 볶는다.
4 기름이 배면 배합의 조미료를 넣고 섞는다.
5 4에 2를 넣고 섞는다.

구이

햄버그를 구웠던 기름을 활용!

햄버그 소스의 기본

배합(햄버그 4개 분량)
햄버그 구울 때 나온 즙 4개 분량
버터 20g
토마토케첩 4큰술
간장 1큰술

기본 레시피

재료(4인분)
다진 고기(쇠고기와 돼지고기 섞은 것) 400g
다진 양파 1/2개 분량
달걀물 1개 분량
빵가루 1/2컵
우유 2큰술
소금 1/2작은술
후추, 육두구 약간씩
위의 배합 조미료
식용유 1.5큰술
취향에 따라
브로콜리 삶은 것, 당근 글라세(glace)

만드는 법

1 양파를 식용유 1큰술로 부드러워질 때까지 볶은 다음 식힌다. 빵가루는 우유에 불린다.
2 볼에 다진 고기, 1, 달걀물, 소금, 후추, 육두구를 넣고 잘 반죽한다. 4등분으로 나눠 동글납작한 모양으로 만든다.
3 식용유 1/2큰술을 두른 프라이팬에 2를 올린다. 강불에서 한 쪽이 노릇하게 구워지면 뒤집어서 뚜껑을 덮고 약불로 줄인다. 약 8분 동안 굽는다.
4 햄버그를 꺼내고 프라이팬에 남은 즙에 위의 배합 조미료를 넣고 섞어서 소스를 만든다.

볶은 양파로 달콤함을 살리는

햄버그 조림

배합(햄버그 4개 분량)
얇게 썬 양파 1/2개 분량
콩소메 수프 1컵
토마토케첩 4큰술
우스터 소스 2큰술
버터 1큰술

만드는 법

기본 레시피의 만드는 법 3에서 햄버그를 굽는 옆 자리에 양파를 볶는다. 양파가 익어 투명해지면 배합 조미료를 넣고 햄버그를 조린다. 수분이 반으로 줄어들 때까지 조린다.

얼큰한 어른의 맛

페퍼 소스

배합(햄버그 4개 분량)
햄버그 구울 때 나온 즙 4개 분량
버터 100g
얇게 썬 마늘 1톨 분량
굵은 후추 2작은술
레몬즙 1큰술
다진 바질 1큰술

만드는 법

햄버그를 구울 때 나온 즙에 버터를 녹여 마늘, 굵은 후추, 레몬즙을 넣는다. 바질을 넣어 마무리한다.

심플하고 고급스러운 소스

버터 소스

배합(햄버그 4개 분량)
버터 100g
다진 파슬리 1큰술
레몬즙 1큰술
소금, 후추 약간씩

만드는 법

냄비에 버터, 소금, 후추를 넣고 냄비를 흔들어주면서 녹인다. 버터가 갈색이 되면 파슬리와 레몬즙을 넣고 마무리한다.

향이 풍부한 소스

와인 소스

배합(햄버그 4개 분량)
햄버그 구울 때 나온 즙 4개 분량
레드와인 3큰술
츄노 소스 2큰술
토마토케첩 2큰술
연겨자 약간

만드는 법

햄버그를 구울 때 나온 즙에 연겨자 이외의 조미료를 넣고 끓인다. 불을 끄고 연겨자를 넣고 잘 섞는다.

깔끔한 일본식 소스
레몬 생강 소스

배합(햄버그 4개 분량)
간장 3큰술
레몬즙 1/2개 분량
간 무 1/4개 분량
시소 6장 분량

만드는 법
그릇에 담은 햄버그에 갈은 무와 가늘게 채 썬 시소를 얹는다. 생강과 레몬즙을 섞어 끼얹는다.

닭고기에 어울리는 담백한 맛
치킨 소테 바비큐 소스

배합(닭고기 600g)
토마토케첩 3큰술
간장 2큰술
벌꿀 1큰술
양파즙 1큰술
마늘즙 1작은술

만드는 법
양파와 마늘을 프라이팬에 넣고 볶다가 남은 조미료를 전부 넣어 섞는다. 닭고기 소테에 끼얹는다.

양식섬의 기본 메뉴
포크 소테 소스

배합(돼지고기 600g 분량)
토마토케첩 3큰술
우스터 소스 1큰술
설탕 1큰술
레몬즙 1큰술
물 1큰술
머스터드 1작은술
버터 10g
마늘즙 1/2작은술
소금, 후추 약간씩

만드는 법
재료를 모두 넣어 가열해서 조린다. 돼지고기 소테에 끼얹는다.

밥에 잘 어울리는 맛
생강 된장 소스

배합(햄버그 4개 분량)
맛국물 4큰술
된장 3큰술
설탕 2작은술
간장 1작은술
생강즙 1작은술

만드는 법
생강 이외의 모든 재료를 작은 냄비에 넣고 가열한다. 끓기 시작하면 불을 끄고 생강을 넣어 섞는다.

섞기만 하면 완성
치킨 소테 레몬 케첩 소스

배합(닭고기 600g 분량)
토마토케첩 4큰술
간장 1/2큰술
레몬즙 1큰술

만드는 법
모든 재료를 잘 섞는다.

일본식 돼지고기 스테이크에 어울리는 진한 맛
돈테키 소스

배합(돼지고기 600g)
토마토케첩 4큰술
미림 4큰술
우스터 소스 4큰술
간장 8큰술
버터 4큰술

만드는 법
배합의 버터로 돼지고기 소테를 만들고 노릇하게 익으면 남은 조미료를 넣고 조린다.

조미료와 함께

케첩에 미림이나 간장 등의 조미료를 넣으면 밥과 잘 어울려요. 볶은 마늘을 넣어주면 밥이 술술 넘어갑니다.

다양하게 쓰이는 기본소스

토마토 소스의 기본

배합(만들기 편한 분량)
토마토 캔(홀타입) 2캔(800g)
마늘 1톨
다진 양파 1/2개 분량
월계수잎 1가지
올리브유 3~4큰술
소금 2/3작은술
후추 적량
설탕 1/2~1작은술

만드는 법
냄비에 올리브유, 으깬 마늘, 월계수잎을 넣고 약불로 가열하면서 향을 낸다. 양파를 넣고 색이 바뀔 때까지 볶는다. 으깬 토마토를 넣어 20분 정도 끓인다. 여기에 소금, 후추, 설탕을 넣고 조린다.

토마토 맛을 살린

심플 토마토 소스

배합(만들기 편한 분량)
토마토 캔(홀타입) 2캔(800g)
마늘 1톨
오레가노 1작은술
소금 약간
올리브유 3~4큰술

만드는 법
냄비에 올리브유, 으깬 마늘을 넣고 향이 날 때까지 볶는다. 토마토를 넣고 나무주걱으로 으깬 후 강불에서 10~15분 정도 졸인다. 오레가노와 소금을 넣고 한 번 더 끓인다.

깊고 진한맛

간 미트 소스

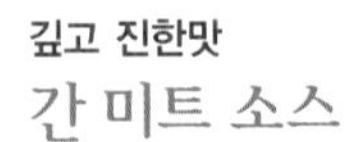

배합(만들기 편한 분량)
기본 토마토 소스(위의 만드는 법 참고) 1컵
다진 닭 간 100g
다진 바질 2큰술
다진 파슬리 2큰술
소금, 후추 약간씩
버터 2큰술

만드는 법
버터를 녹인 프라이팬에 닭 간을 볶는다. 색이 흰색으로 바뀌면 토마토 소스를 넣는다. 끓기 시작하면 소금, 후추, 바질, 파슬리를 넣고 약불에서 1~2분 정도 조린다.

적은 양도 바로 만들 수 있는

즉석 토마토 소스

배합(만들기 편한 분량)
토마토 주스 2컵
다진 양파 1/2컵
다진 마늘 1/2컵
소금 2작은술
후추 약간
버터 1큰술

만드는 법
버터를 녹인 냄비에 양파를 넣고 볶는다. 나머지 재료를 전부 넣고 양이 절반이 될 때까지 간을 보면서 졸인다.

간단 미트 소스
미트 소스는 오래 끓여야 제 맛이 나지만 시간이 없을 때는 적은 물로 끓여서 츄노 소스를 넣어 맛을 내준다. 마무리로 간장을 조금 뿌려주면 더욱 맛이 깊어집니다.

직접 만들어 더욱 맛있는

미트 소스

배합(4인분)
기본 양념
- 다진 양파 1개 분량
- 다진 마늘 1톨 분량
- 다진 셀러리 1조각 분량
- 다진 고기(쇠고기와 돼지고기를 섞는 것) 300g
- 토마토 캔(홀타입) 1캔(400g)

조미액
- 다진 생강 1조각 분량
- 다진 마늘 1톨 분량
- 물 1컵

소금 1작은술
간장 1큰술
레드와인 1/2컵
올리브유 2큰술
밀가루 1큰술

메모
파스타와 잘 섞어서 밀가루로 농도를 냅니다.

기본 레시피

재료(4인분)
위의 배합 소스
스파게티 300g
치즈 가루 적량

만드는 법
1 냄비에 배합의 올리브유를 넣고 달군 후 기본 양념의 채소를 볶다가 다진 고기를 넣고 볶는다. 고기가 보슬보슬해지면 밀가루를 뿌리고 약불에서 가루 느낌이 없어질 때까지 볶는다.
2 레드와인을 넣고 알코올 성분을 날려준 다음 토마토를 으깨 넣어준다. 배합의 조미액을 넣고 30~40분 정도 거품을 거둬내면서 졸인다.
3 간장과 소금으로 간을 한다.
4 스파게티를 삶는다. 삶을 때 봉투에 표시된 시간보다 1분 정도 짧게 삶아 물기를 뺀 후 3을 넣고 잘 섞어 치즈 가루를 뿌린다.

차갑게 먹으면 맛있는
가스파쵸
(gazpacho, 올리브유, 식초, 마늘, 양파 등으로 만든 냉수프)

배합(4인분)
간 마늘 1/2작은술
토마토 주스 3컵
올리브유 2작은술
소금, 후추 약간씩

만드는 법
모든 재료를 잘 섞은 다음 식힌다. 잘게 썬 토마토, 오이, 양파 등을 넣고 그릇에 담아내면 완성.

냉장고에 남은 채소로 만드는
미네스트로네
(minestrone, 채소와 페이스트 소스로 만든 이탈리아식 야채 수프)

배합(4인분)
베이컨 2장
양파 1/4큰술
토마토 캔(홀타입) 1캔(400g)
물 2컵
고형 수프 2개
월계수잎 1장
소금, 후추 약간씩

만드는 법
베이컨과 양파를 잘게 썰어 볶는다. 양파가 투명해지면 토마토 캔, 물, 고형 수프, 월계수잎과 좋아하는 채소를 넣고 20분 정도 끓인다. 소금, 후추로 간을 한다.

두반장으로 매운맛을 낸
중화식 토마토 전골

배합(4인분)
토마토 주스 2컵
다진 마늘 2톨 분량
두반장 2작은술
중화식 수프 2컵
참기름 1큰술
간장 1큰술

만드는 법
참기름을 두른 질그릇 냄비에 마늘과 두반장을 넣고 볶는다. 향이 나기 시작하면 토마토 주스와 수프를 넣는다. 끓기 시작하면 간장으로 간을 한다. 좋아하는 재료를 넣고 끓인다.

추천 재료
표고버섯, 부추, 두부, 바지락 등 좋아하는 재료를 넣어주세요. 마지막에 중화면을 넣으면 잘 어울려요.

재료의 진미를 느낄 수 있는
심플 토마토 전골

배합(4인분)
마늘 1톨 분량
토마토 캔(홀타입) 1캔(400g)
물 2컵
올리브유 2큰술
소금 1작은술

만드는 법
냄비에 올리브유와 마늘을 넣고 볶아 향을 낸다. 토마토를 으깨면서 넣는다. 물과 소금을 넣고 10분 정도 끓인다. 고기 종류를 먼저 넣어 익힌다.

추천 재료
돼지고기, 양파, 방울 양배추 등 좋아하는 재료를 넣어주세요. 마지막에 파스타를 넣으면 잘 어울립니다.

화이트와인으로 고급스러운 맛을 낸
이탈리안 해물전골

배합(4인분)
토마토 소스(만드는 법 120쪽 참고) 1.5컵
화이트와인 1/4컵
소금, 후추 약간씩

만드는 법
냄비에 모든 재료를 넣고 바글바글 끓인다. 해산물을 먼저 익힌다.

추천 재료
해산물, 브로콜리, 시금치 등 좋아하는 재료를 넣어주세요. 마지막에 리소토로 만들면 잘 어울려요.

소스

재료 이야기

다양한 채소나 과즙, 향신료, 양조식초를 기본 재료로 만든 조미료입니다. 오일은 전혀 들어 있지 않아 건강에 좋아요.

외국 소스

우스터 소스는 영국에서 만들어졌습니다. 영국에서는 식초와 양파를 기본 재료로 만든 향이 강한 소스입니다. 스테이크 소스로 주로 이용합니다.

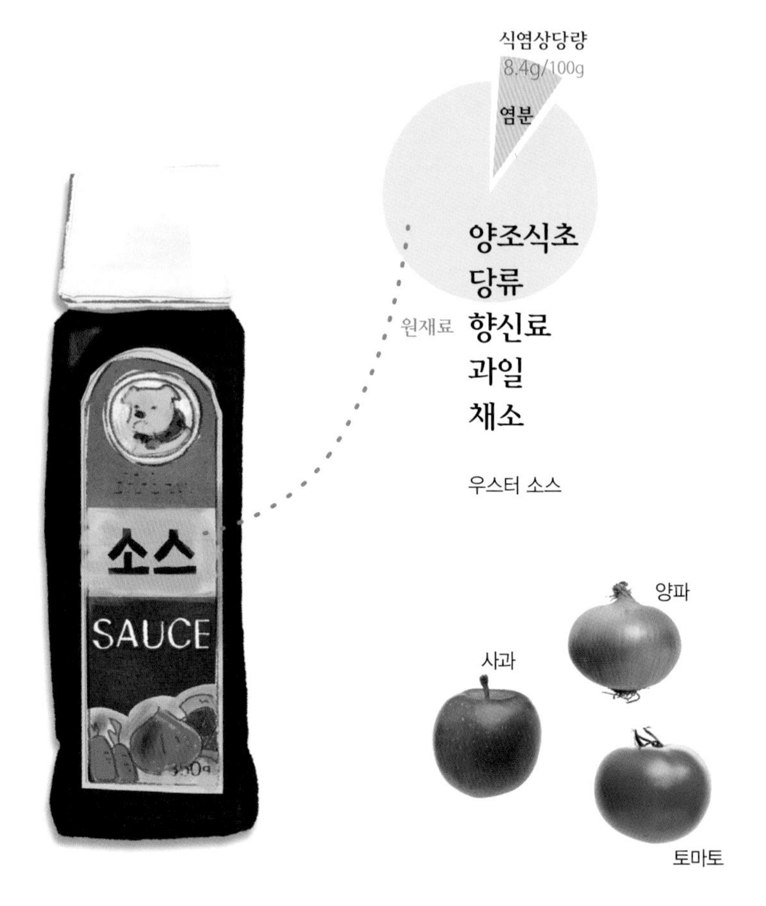

사과, 토마토, 양파 등이 주요 재료입니다.

달콤한 일본의 우스터 소스

이 장에서 소스는 정식으로는 우스터 소스를 말합니다. 채소나 과일을 수프 상태로 만들어서 식초, 소금, 설탕, 향신료 등을 넣고 조미한 것으로 원료에 따라 점도가 다르지만, 기름을 사용하지 않는 점은 모두 같습니다. 또한 양조식초가 들어가 있으며 보존료와 같은 첨가물이 적어 안심하고 사용할 수 있습니다.

일본인의 취향에 맞춰 개량한 우스터 소스는 안초비 대신 과일을 넣어 과일의 달콤한 풍미가 살아있으며 신맛과 매운맛을 줄여 향신료의 느낌이 적습니다. 또한 돈가스 소스와 오코노미야키 소스도 독자적으로 개발해서 사용하고 있습니다.

무엇을 뿌려먹지?

같은 일본이라도 지역에 따라 좋아하는 소스의 타입이 다릅니다. 예를 들어 오래전부터 가정에서 오코노미야키와 다코야키를 만들어 먹은 간사이 지방에서는 주로 농후한 소스가 주류를 이루지만 요리마다 곁들이는 소스는 사람의 취향에 따라 다릅니다. 돈가스에 간장을 소스처럼 뿌려먹는 사람도 있고 달걀프라이에 소스, 카레에 간장을 넣는 사람도 있습니다.

영국에서 만들어진 우스터 소스는 일본에서 발달해 현재에도 계속 개발되고 있습니다.

우스터 소스

끈적이지 않는 액체상태의 소스로 매운맛이 조금 있으며 여러 요리에 폭넓게 사용합니다.

돈가스 소스

과일과 채소의 섬유질이 끈적이는 상태로 남아 있는 타입으로 약간 단맛이 납니다.

고르는 법과 종류

소스는 주로 농도에 따라 종류가 나뉩니다. 향신료의 매운맛도 서로 다르므로 좋아하는 맛을 사용하면 맛을 내기 좋습니다.

츄노 소스

우스터 소스와 돈가스 소스의 중간 정도의 농도로 매운맛과 단맛의 균형이 좋습니다.

오코노미야키 소스

파인애플과 대추야자열매 등의 과일이 포함된 단맛이 강한 소스입니다.

'소라이스' 란?

세계 각국에서 사랑받는 우스터 소스는 영국의 옛 우스터셔 지역에서 만들어졌습니다. 일본에 전해진 것은 에도 말기로 메이지 후기에 이르면서 일반 가정에서도 사용하게 되었습니다. 쇼와 초기, 경기가 불황일 때는 식당에서 밥만 주문해서 식탁에 놓인 소스만 뿌려먹는 '소라이스'가 유행했습니다. 줄여서 '소라이'라고도 불렸으며 가장 저렴하게 먹을 수 있는 점심 메뉴가 되었습니다. 원래 소스는 채소와 과일의 단맛과 감칠맛, 각종 향신료의 향이 함유되어 그 자체만으로도 맛이 있습니다. 밥에 뿌려도 충분히 맛있게 먹을 수 있습니다.

사용법

튀김 요리에 뿌려먹는 조미료로 이용하지만, 카레나 수프에 깊이를 내거나 바비큐 소스로도 이용합니다.

조리 효과

- 고기의 잡냄새를 없애주어 향신료 대신 내장류의 손질에 사용합니다.

- 맛의 깊이를 더해줍니다. 여러 재료가 함께 녹아있어 조림요리에 좋습니다.
- 당류를 포함하고 있어서 요리에 윤기를 줍니다.

보관방법

개봉 전에는 그늘지고 서늘한 곳에 보관하고 개봉한 후에는 냉장보관을 권합니다. 츄노 소스와 돈가스 소스는 상하기 쉬우므로 보관에 주의가 필요합니다.

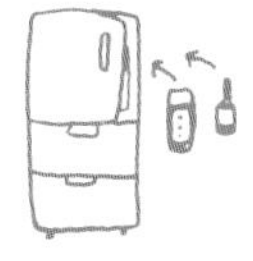

구이

대표적인 맛

야키소바의 기본

배합(중화면 삶은 것 4인분)
츄노 소스 6큰술
굴소스 1.5큰술

메모
향과 맛이 다른 소스를 섞어서 깊은 맛을 냅니다.

기본 레시피

재료(4인분)
중화면(삶은 것) 4인분
돼지고기(얇게 썬 것) 300g
얇게 썬 양파 1/2개 분량
양배추(대) 4~5장
당근 1/2개
숙주나물 200g
분홍생강 절임, 파래 적량씩
위의 배합 소스
식용유 2큰술
취향에 따라
| 부추

만드는 법
1 돼지고기, 양배추, 당근은 먹기 좋은 크기로 자른다. 삶은 중화면은 전자레인지에 넣어 40초 정도 가열한다.
2 식용유를 두른 프라이팬에 돼지고기를 볶는다. 채소는 딱딱한 것부터 순서대로 넣고 볶아준다. 면을 풀어가면서 전체적으로 잘 볶는다.
3 배합 소스를 넣고 전체적으로 잘 섞어 그릇에 담는다. 취향에 따라 파래, 분홍생강 절임을 얹는다.

어른들이 좋아하는 맛

소금 우스터 야키소바

배합(중화면 삶은 것 4인분)
청주 2큰술
닭고기 육수 4큰술
소금 1과1/3작은술
후추 약간
우스터 소스 1과1/3큰술

만드는 법
기본 레시피를 참고한다. 조미료는 만드는 법 3에서 위에 적힌 순서대로 넣는다.

진한 맛을 좋아하면

진한 야키소바

배합(중화면 삶은 것 4인분)
츄노 소스 4큰술
토마토케첩 4큰술
굴소스 2큰술

만드는 법
기본 레시피를 참고한다. 미리 섞어둔 조미료를 만드는 법 3에서 한꺼번에 넣는다.

파스타에도 잘 어울리는 서양식 소스

카레 야키소바

배합(중화면 삶은 것 4인분)
츄노 소스 180ml
카레 가루 2작은술

만드는 법
기본 레시피 만드는 법 2에서 올리브유를 넣는다. 위의 배합 소스는 만드는 법 3에서 한꺼번에 넣는다.

김치를 넣어도 맛있는

매운맛 야키소바

배합(중화면 삶은 것 4인분)
간장 6큰술
미림 4큰술
굴소스 2큰술
두반장 4작은술
참기름 약간
청주 약간

만드는 법
기본 레시피를 참고한다. 미리 섞어둔 조미료를 만드는 법 3에서 한꺼번에 넣는다.

마늘로 식욕을 높여주는

오코노미야키 소스의 기본

배합(만들기 편한 분량)
다진 마늘 2톨 분량
굴소스 3큰술
토마토케첩 3큰술
간장 3큰술
참기름 1큰술
레몬즙 2작은술

만드는 법
모든 재료를 잘 섞는다.

토마토 과즙이 듬뿍! 매콤달콤한

토마토 오코노미야키 소스

배합(만들기 편한 분량)
츄노 소스 240g
깍둑 썰기 한 토마토 1개 분량
마요네즈 적량

만드는 법
토마토 소스를 알루미늄호일에 담아서 오코노미야키를 굽는 철판 옆에서 같이 가열한다. 소스가 데워지면 오코노미야키에 뿌리고 마지막에 마요네즈로 장식한다.

깊고 진한 향의

카레 치즈 오코노미야키 소스

배합(만들기 편한 분량)
돈가스 소스 4큰술
카레 가루 1.5작은술
토마토케첩 2큰술
다진 양파 1큰술
치즈 가루 1~2큰술

만드는 법
모든 재료를 잘 섞는다.

나고야의 명물인 매콤달콤한

돈가스 소스

배합(만들기 편한 분량)
우스터 소스 150ml
돈가스 소스 300ml
설탕 1큰술
미림 1큰술

만드는 법
모든 재료를 잘 섞는다. 돈가스는 튀겨내자 마자 소스를 바른다.

풍부한 향의 우스터

스파이스 우스터

배합(만들기 편한 분량)
우스터 소스 1컵
얇게 썬 마늘 약간
월계수잎 약간
씨겨자 약간
타임 약간
샐러리 약간

만드는 법
모든 재료를 잘 섞어서 끓인다. 식혀서 맛이 들게 한다.

단맛과 매운맛의 균형이 절묘한

머스터드 소스

배합(만들기 편한 분량)
마요네즈 1/2컵
연겨자 1/2큰술
우스터 소스 2작은술

만드는 법
모든 재료를 잘 섞는다.

비프커틀릿에

와인 비네거 소스

배합(만들기 편한 분량)
돈가스 소스 4큰술
토마토케첩 1큰술
와인 비네거 1/2작은술

만드는 법
모든 재료를 잘 섞는다.

일본식의 담백한 맛

참깨 소스

배합(만들기 편한 분량)
참깨 1/4컵
우스터 소스 1컵
토마토케첩 3큰술
설탕 1큰술

만드는 법
참깨는 절구로 갈아준다. 볼에 참깨와 남은 재료를 넣고 잘 섞는다.

농후한 소스로 러시아의 고급스러운 맛

비프 스트로가노프

배합(쇠고기 350g, 버섯 3팩 분량)

기본 양념
- 크게 다진 양파 1개 분량
- 다진 마늘 1톨 분량
- 올리브유 2큰술
- 토마토 페이스트 1큰술

조미액
- 화이트와인 1/2컵
- 닭고기 육수 1.5컵
- 우스터 소스 1.5큰술
- 소금, 후추 약간씩

메모

양파를 노란색이 될 때까지 잘 볶아야 맛이 깊어집니다.

비프 스트로가노프 레시피

재료(4인분)

쇠고기(다리 부위) 350g
양송이버섯 1팩
소금, 후추 약간씩
위의 배합 기본 양념, 조미액
생크림 1/3컵
레몬즙 1큰술
밀가루 적량
브랜디 1큰술
올리브유 1/2큰술

만드는 법

1. 쇠고기는 먹기 좋은 크기로 잘라 소금, 후추, 밀가루를 뿌린다. 양송이버섯은 얇게 썬다.
2. 냄비에 배합의 기본 양념을 넣고 양파가 노란색이 될 때까지 볶은 후 토마토 페이스트를 넣고 볶는다. 양송이버섯을 넣고 완전히 익을 때까지 볶는다.
3. 배합의 조미액을 2에 넣고 10분 동안 끓인다.
4. 올리브유를 두른 프라이팬에 쇠고기를 넣어 볶다가 브랜디를 뿌린다. 알코올 성분이 날아가면 3에 넣어 5분 동안 끓이고 불을 끈 다음 생크림을 넣고 잘 섞는다. 그릇에 담아 레몬즙을 뿌린다. 밥이나 버터로 볶은 밥 위에 끼얹어 먹는다.

버섯의 맛이 가득한

버섯 맛조림

배합(버섯 2팩 분량)

조미액

닭고기 육수 2컵
우스터 소스 1/2큰술
굴소스 1/2큰술
청주 1큰술
간장 1큰술
후추 약간
얇게 썬 생강 1/2조각 분량
물전분 적량
참기름 1작은술

만드는 법

볶은 버섯에 배합의 조미액과 생강을 넣고 가열한다. 끓기 시작하면 물전분을 넣어 농도를 낸 후 마무리로 참기름을 뿌린다.

된장으로 맛을 낸 일본식 소스

생선 소스 조림

배합(정어리 12마리 분량)

채 썬 유자 껍질 1/2개 분량
맛국물 3컵
된장 25g
우스터 소스 3.5큰술

만드는 법

냄비에 모든 재료를 넣고 끓인다. 머리와 내장을 제거한 정어리를 넣고 조린다.

볶은 채소의 맛을 살려주는

고기 소스 조림

배합(돼지고기 500g 분량)

기본 양념

올리브유 3큰술
다진 양파 4개 분량
얇게 썬 마늘 6톨 분량
화이트와인 2큰술

조미액

우스터 소스 1.5~2큰술
물 1컵

만드는 법

냄비에 기본 양념 재료를 넣고 잘 볶는다. 양파가 갈색이 되면 화이트와인과 소테한 돼지고기를 넣고 약불에서 찐다. 조미액을 넣고 천천히 조린다.

된장 + 소스?

된장과 소스의 조합은 잘 어울리지 않을 것 같지만 뜻밖에도 소스가 된장의 깊이를 살려주고 생선 비린내를 약하게 해주어 잘 어울립니다. 된장이 들어간 전골에 소스를 넣어줘도 맛이 좋아진답니다.

기타 조미료 1

Other seasonings 1

고추냉이(와사비)

일본의 대표적인 향신료

에도시대 초기에 메밀국수에 향신료로 넣어 먹기 시작한 고추냉이는 세계적으로도 유명한 일본의 향신료입니다. 우리가 조미료로 주로 사용하는 반죽 형태의 고추냉이는 홀스레디쉬(horse raddish)라고 불리는 서양고추냉이를 반죽 또는 가루로 만든 것입니다.

고추냉이는 생선의 기름기와 비린내를 없애주는 효과가 있으며 매운맛 성분에 살균, 방부작용이 있어서 식중독도 예방해줍니다. 생선회, 장어, 마른 생선에 사용합니다. 생선뿐만이 아니라 돼지고기와 양파 볶음에도 잘 어울립니다.

연

고추냉이

생고추냉이

서양고추냉이

조미료로 이용하는 고추냉이의 주원료는 서양고추냉이입니다.

무침 요리에 깔끔한 맛을 더해주는

고추냉이 식초

배합(만들기 편한 분량)

생고추냉이(갈은 것) 적량
맛국물 2큰술
식초 2큰술
국간장 1/2큰술
소금 약간

만드는 법

고추냉이 이외의 재료를 잘 섞어서 고추냉이와 함께 재료를 무친다. 두릅과 새우에 잘 어울린다.

깔끔한 조림요리

닭고기와 푸른 채소의 고추냉이조림

배합(푸른 채소 2단, 닭고기 150g 분량)

조미액
- 맛국물 2컵
- 청주 1큰술

소금 1/2작은술
고추냉이 1작은술
채 썬 시소 적량

만드는 법

끓인 조미액에 고기를 넣고 소금으로 간을 해서 푸른 채소를 넣는다. 불을 끄고 고추냉이를 꺼내 그릇에 담고 시소와 함께 낸다.

겨자

코가 찡해지는 노란색 향신료

고추냉이와 마찬가지로 주로 향신료로 사용하며 코끝이 찡해지는 매운맛이 특징입니다. 유채과인 갓 씨앗을 원료로 만들며 가정에서는 튜브 형태의 겨자를 주로 사용합니다. 하지만, 진짜 매운 겨자를 먹고 싶을 때는 조금 수고스럽더라도 겨자가루를 직접 물에 반죽해서 쓰면 좋습니다.

주로 낫토, 어묵탕, 슈마이, 돈가스, 겨자 무침 등에 사용하며 마요네즈와 섞으면 서양식 향신료로 변신합니다.

연

겨자

단호박과 당근에

단맛이 도는 채소 겨자구이

배합(단호박 1/4개 분량)

구이 소스
- 연겨자 2작은술
- 식초 1큰술
- 간장 1작은술

올리브유 1작은술

만드는 법

먹기 좋은 크기로 자른 단호박에 올리브유를 뿌려서 찐다. 배합의 구이 소스를 섞어 바른 후 다시 굽는다.

씹는 맛을 즐기는 뿌리채소

쇠고기와 뿌리채소의 연겨자 조림

배합(쇠고기 150g, 뿌리채소 400g)

조미액
- 맛국물 1.5컵
- 국간장 2.5큰술
- 설탕 1.5큰술

연겨자 2큰술
식용유 1큰술

만드는 법

적당한 크기로 자른 재료를 식용유에 볶은 후 조미액을 넣고 끓이면서 수분을 날린다. 연겨자를 전체적으로 발라준다.

머스터드

부드러운 매운맛과 신맛

겨자의 서양식 제품이 머스터드입니다. 다른 점은 종자의 품종과 제품 공정이 다르며, 겨자에 비해 자극성과 휘발성이 약해서 부드러운 매운맛이 납니다. 시판하는 제품은 식초와 함께 혼합된 제품이 많아 대부분 산미를 포함하고 있습니다.

열에 강하고 식재료의 기름기를 완화시켜주는 머스터드는 재료에 발라 구워도 맛있고 피클이나 마리네에도 어울립니다. 씨겨자(홀그레인 머스터드)는 햄, 소시지, 로스트비프의 향신료로 이용하면 좋습니다.

간단한 생선구이 소스

생선 머스터드 구이

배합(생선 4토막 분량)

구이 소스
- 씨겨자 4큰술
- 달걀노른자 2개 분량
- 마요네즈 1/2컵

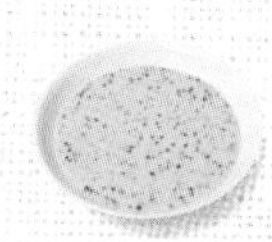

기본 레시피

재료(4인분)

생연어 4토막
위의 배합 구이 소스
소금, 후추 적량씩
취향에 따라
- 삶은 완두

만드는 법

1. 연어에 소금과 후추를 뿌려 잠시 둔 다음 물기를 닦아낸다.
2. 그릴에서 1의 양면을 굽고 구이 소스를 발라 1~2분 정도 더 굽는다.
3. 그릇에 2를 담아 취향에 따라 삶은 완두를 곁들인다.

머스터드의 맛있는 산미

닭고기와 채소의 머스터드 볶음

배합(닭고기 360g, 양배추 300 분량)

마늘즙 약간
화이트와인 2큰술
조미료
- 소금 약간
- 후추 약간
- 씨겨자 1큰술

식용유 1큰술

만드는 법

닭고기와 채소를 식용유에 볶다가 와인과 마늘을 넣고 끓여 수분을 날린다. 위의 배합 조미료를 넣어 섞는다.

조리면 더 부드러워지는

돼지고기 양배추 머스터드 조림

배합(돼지고기 500g, 양배추 1/3개 분량)

콩소메 수프 2와 1/4컵
화이트와인 1/4컵
씨겨자 1큰술
소금 1꼬집
올리브유 1큰술

만드는 법

돼지고기에 소금을 뿌려 올리브유로 굽다가 화이트와인을 뿌려 알코올 성분을 날린다. 콩소메 수프와 양배추를 넣고 조린다. 머스터드를 넣고 다시 한 번 끓인다.

향이 좋은 드레싱

머스터드 드레싱

배합(만들기 편한 분량)

씨겨자 1큰술
설탕 1작은술
화이트와인 비네거 2큰술
올리브유 5와1/3큰술
소금, 후추 약간씩

만드는 법

위에 적힌 순서대로 조미료를 넣어가며 섞는다.
올리브유는 조금씩 넣으면서 섞는다.

피시 소스

태국의 생선 소스

태국을 대표하는 조미료로 생선을 소금과 함께 발효시켜서 만드는 생선 소스입니다. 일본 아키타(秋田) 지역의 숏쓰루(塩魚汁)가 이와 비슷한 생선 액젓으로 알려져 있으며, 우리나라의 멸치액젓과 비슷합니다. 피시 소스는 염분이 높고 감칠맛 성분이 풍부하게 들어있는 것이 특징으로 태국요리를 할 때 간이 부족하면 피시 소스를 넣어 간을 맞춥니다. 모든 요리에 약간만 넣어주면 태국풍의 에스닉한 요리로 변신합니다.

만능 에스닉 소스

나시고랭(nasi goreng)식 소스

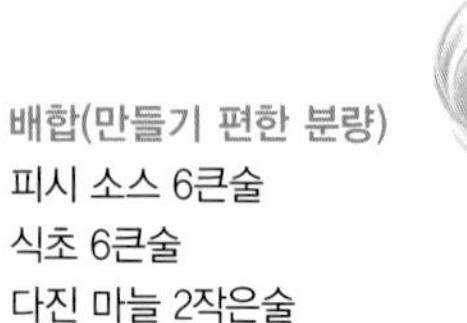

배합(만들기 편한 분량)

피시 소스 6큰술
식초 6큰술
다진 마늘 2작은술
설탕 4큰술

만드는 법

모든 재료를 잘 섞는다. 볶음밥에 간을 할 때 사용하면 인도네시아의 볶음밥인 나시고랭식 요리가 만들어진다. 닭찜 소스로 이용해도 좋다.

새콤달콤하고 깔끔한 맛

춘권 소스

배합(만들기 편한 분량)

레몬즙 4개 분량
피시 소스 240ml
으깬 땅콩 80g
고춧가루 1작은술
설탕 4작은술

만드는 법

모든 재료를 잘 섞는다.

칠리 소스

에스닉요리로 만들어주는 소스

칠리는 중남미가 원산지로 고추 = 칠리페이퍼를 의미합니다. 칠리 소스는 토마토 소스 중에서 매운맛이 강한 소스로 고추, 설탕, 식초, 향신료가 들어가며 튀김 요리의 소스로 이용하는 것 이외에도 해산물의 조림, 샐러드의 드레싱, 면 요리 등에도 사용합니다. 그중에서 사람들이 좋아하는 것은 약간 단맛이 도는 스위트칠리 소스입니다. 일본 식자재인 사쓰마아게(어육을 채소와 함께 갈아 반죽해서 튀긴 음식)에 발라주면 태국의 대표요리인 토토만플라로 변신합니다.

집에 있는 재료로 만들어도 맛있는

수제 스위트칠리 소스

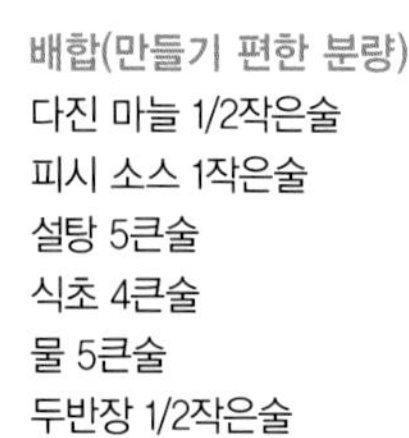

배합(만들기 편한 분량)

다진 마늘 1/2작은술
피시 소스 1작은술
설탕 5큰술
식초 4큰술
물 5큰술
두반장 1/2작은술

만드는 법

냄비에 모든 재료를 넣고 끓여 2~3분 정도 조린다. 식혀서 끈기가 생기면 완성.

풍미가 살아있는

토마토 칠리소스 볶음

배합(새우 300g 분량)

볶음장
- 스위트칠리 소스 1큰술
- 토마토케첩 1큰술
- 간장 1/2큰술
- 닭고기 육수 1/2컵

재료(4인분)

새우(껍질 깐 것) 300g
토마토 1개
다진 마늘 1톨 분량
위의 배합 볶음장
물전분(전분가루 1큰술, 물 2큰술) 식용유 1큰술

만드는 법

1. 새우는 등에 있는 내장을 제거하고 토마토는 반달썰기 한다.
2. 식용유를 두른 프라이팬에 마늘을 볶아 향을 낸 후 새우를 넣고 볶는다.
3. 배합 볶음장과 토마토를 넣고 가열하다 끓어오르면 물전분을 넣어 농도를 낸다.

굴소스

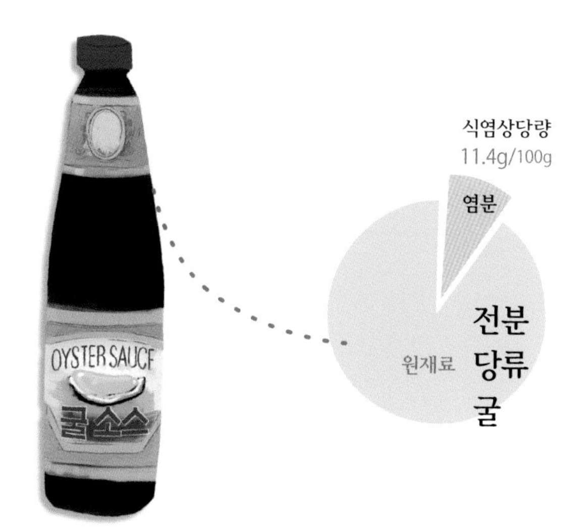

깊고 진한 맛소스

중국 간토성에서 만들기 시작한 조미료로 굴기름으로도 불립니다. 만드는 법은 두 가지로 소금에 절인 굴을 발효시켜 위에 뜬 액을 농축하는 법과 굴을 조려서 나온 액을 농축하는 방법입니다. 두 가지 모두 굴의 진미, 짠맛과 단맛이 어우러진 진한 풍미를 갖고 있습니다. 요리에 맛과 깊이, 향을 더해주며 채소 볶음과 조림에 사용합니다.

혈압을 안정시키는 효과가 있는 아미노산의 일종인 타우린과 피로회복 효과가 있는 글리코겐이 풍부하게 들어있습니다.

양상추를 넣어 깔끔하게

쇠고기 굴소스 볶음

배합(쇠고기200g, 양상추 1/2개 분량)

굴소스 1큰술
간장 1/2큰술
후추 약간

만드는 법

볶은 쇠고기에 배합 소스를 넣고 섞은 다음 손으로 뜯은 양상추를 넣어 볶는다.

매운맛이 생각날 때

다진 고기 바질 볶음

배합(다진 고기 200g 분량)

잘게 썬 홍고추 1/2개 분량
다진 마늘 1/4큰술
다진 바질 2장 분량
잘게 썬 땅콩 2큰술
피시 소스 1큰술
다마리간장 1/2큰술
설탕 1/2큰술
닭고기 육수 3큰술

만드는 법

위의 배합 소스를 잘 섞어둔다. 다진 고기를 볶아서 보슬보슬해지면 소스를 넣는다. 수분기가 없어지면 완성.

깊은 맛의 먹기 좋은 생선조림

등푸른생선 굴소스 조림

배합(꽁치 4마리 분량)

조미액

채 썬 생강 20g
물 2컵
청주 4큰술

조미료

굴소스 2큰술
간장 1큰술
설탕 2작은술

만드는 법

생선은 내장과 머리를 제외하고 통으로 토막을 낸 후 뜨거운 물을 부어준다. 조미액을 가열해서 끓어오르면 생선을 넣고 10분 정도 끓인다. 조미료를 넣고 조미액이 1/3로 줄어들 때까지 조린다.

잡냄새를 없애준다

생선요리에 넣으면 생선 비린내를 없애주는 역할을 합니다. 등푸른생선에 조금 넣어도 맛이 좋아져요.

두반장

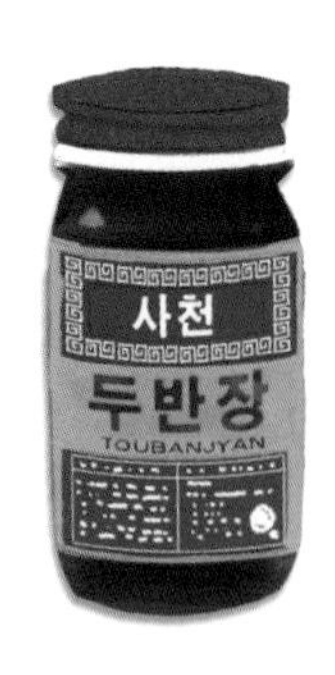

맵고 짠맛

칼칼하게 매운맛과 발효한 누에콩의 향이 매력적인 두반장. 두반장에는 매운맛뿐만 아니라 짠맛과 신맛도 들어있습니다. 중국 사천에서는 고추가 들어가지 않은 타입도 두반장으로 부릅니다. 모든 음식에 폭넓게 사용하는 매운맛 조미료로 볶음 요리에는 먼저, 두반장을 기름에 볶아서 풍미를 살리는 것이 요령입니다. 된장, 낫토, 치즈 등 발효식품과의 궁합도 아주 좋으며 소량으로도 매운맛이 강하므로 사용량에 주의합니다.

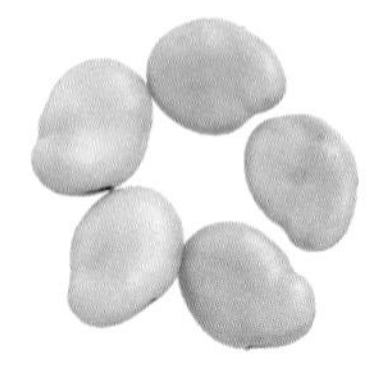

누에콩으로 만든 중국의 장

두반장의 알갱이는 누에콩의 조각입니다. 냄새가 없고 뒷맛이 깔끔해서 프렌치드레싱에 섞어도 맛있습니다.

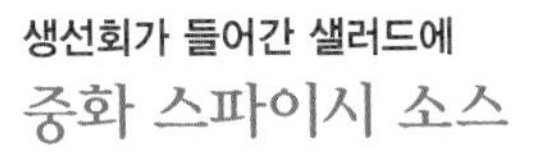

생선회가 들어간 샐러드에

중화 스파이시 소스

배합(만들기 편한 분량)

두반장 1/2큰술
다진 고수 1큰술
간장 6큰술
생강(곱게 채 썬 것) 1조각 분량

만드는 법

모든 재료를 잘 섞는다. 해산물에 섞거나 채소에 버무려도 맛있다.

XO 소스

고급스러운 감칠맛

마른 가리비, 마른 새우, 중국 햄 등 수십 가지 재료를 잘게 썰어 조리한 후 식물성 오일에 재워두는 것이 XO 소스의 일반적인 제조법입니다. 재료가 건조식품도 많고 고급 재료들로 구성되어 맛에 깊이가 있고 감칠맛이 뛰어난 중화 조미료입니다. 볶으면 향이 살아나므로 야키소바에 이용해도 좋습니다. 대롱어묵이나 달걀프라이를 얹은 밥을 고급스럽게 변신시켜 줍니다. 수프에 넣어도 맛이 좋아지고 냉두부에 끼얹어도 맛있습니다.

이름의 유래

1980년대 홍콩의 페닌슐라 호텔에 등장한 조미료로 고급 재료로 만들며, 이름의 유래는 최고급 브랜디를 표시하는 XO에서 비롯되었다고 합니다.

농후하고 깊은 맛

XO 소스 볶음

배합(만들기 편한 분량)

XO 소스 2큰술
다진 생강 1/4큰술
청주 1큰술
간장 1큰술
닭고기 육수 3큰술
전분가루 1큰술
소금, 간장 적량씩
참기름 1큰술

만드는 법

모든 재료를 잘 섞어 채소 볶음이나 볶음밥의 양념으로 사용한다. 고기를 재웠다가 구워도 맛있다.

춘장(甛麵醬)

질 좋은 단맛과 진미

밀가루에 특수한 쌀누룩을 넣고 발효한 달고 매운 맛이 나는 중국 된장입니다. 일본의 핫쵸미소에 설탕, 참기름을 넣은 것과 맛이 비슷합니다.

사용법은 미림과 비슷하며 단맛과 감칠맛을 가미해서 맛을 부드럽게 해줍니다. 볶음 요리나 조림, 생양배추, 감자튀김, 튀김 요리에 이용해도 좋습니다. 주먹밥에 발라 구우면 식욕을 돋우는 향을 만들어줍니다.

언젠가 먹었던 익숙한 그 맛

마파두부, 돼지고기볶음, 북경 오리구이, 짜장면 ……. 이 모두가 춘장을 사용하는 요리입니다. 직접 사용하진 않더라도 한 번쯤은 먹어 본 경험이 있을 거예요.

삶은 면에 올려서

짜장면 고기 된장

배합(만들기 편한 분량)

춘장 1.5
다진 돼지고기 100g
다진 마늘 1작은술
간장 1작은술
설탕 1/2작은술
청주 2작은술
식용유

만드는 법

중화팬에 식용유와 마늘을 넣고 달궈서 향이 나기 시작하면 다진 고기를 넣고 보슬보슬해질 때까지 볶는다. 춘장, 간장, 설탕, 청주를 넣어 맛을 낸다.

고추장

한식으로 바꿔주는

찹쌀에 쌀누룩과 고춧가루, 소금을 넣고 섞어서 숙성시킨 달고 매운 우리나라 조미료로 특히 간장과의 궁합이 아주 좋습니다. 심플한 생선구이에 간장, 고추장을 섞어서 발라주면 평소와 다른 특별한 맛을 즐길 수 있습니다.

그 외에도 무침, 볶음, 고기구이의 소스로 사용할 수 있습니다. 유제품과도 잘 어울려서 카망베르치즈에 넣어주면 훌륭한 안주로 변신합니다. 좀 더 맛을 더하고 싶을 때는 마늘과 참기름을 넣어줍니다.

조선시대 궁궐에 납품하던

고추가 우리나라에 전해지면서 개발된 매운맛의 고추장은 조선시대 궁궐의 진상품이었던 기록이 남아있는, 역사가 오래된 조미료입니다. 고기 양념, 볶음 요리, 찌개 등 모든 요리에 사용합니다.

좋아하는 재료를 넣어서 맛있게

비빔밥 매운맛 소스

배합(만들기 편한 분량)

고추장 2큰술
다진 파 2큰술
간장 4큰술
식초 2큰술
참기름 2큰술
으깬 참깨 2큰술
소금 1작은술

만드는 법

모든 재료를 잘 섞는다. 밥에 나물과 볶은 고기를 얹어 소스를 넣고 비벼 먹는다. 국물 요리에 넣어도 맛있다.

면 쓰유(국수용 맛간장)

일본의 만능 조미료

조미 간장의 일종으로 가쓰오부시와 다시마를 끓여 만든 국물에 간장, 청주, 설탕 등의 조미료를 넣어 만듭니다. 일본인이 좋아하는 맛이 모두 들어있어서 우동, 메밀국수, 튀김장, 어묵탕, 조림요리 등 일본의 모든 요리에 잘 맞습니다.

다양한 종류가 시중에 판매되고 있으며 스트레이트 타입은 그대로 사용하고, 농축 타입은 상표에 표시된 내용을 참고로 희석해서 사용합니다. 풍미가 줄어들기 쉬우므로 반드시 냉장보관합니다.

소면에 잘 어울리는

토마토 면 쓰유

배합(만들기 편한 분량)

토마토 주스 750ml
물 150ml
면 쓰유 2큰술
소금 1작은술

만드는 법

모든 재료를 잘 섞어서 한 번 끓여 준 후 잘 식힌다.

생강의 풍미로 상큼하게

참마 면 쓰유

배합(만들기 편한 분량)

참마 400g
면 쓰유 6큰술
물 1컵
생강즙 2작은술
참기름 2큰술

만드는 법

모든 재료를 잘 섞는다.

깊은 맛과 씹는 재미가 있는

명란 마요 면 쓰유

배합(만들기 편한 분량)

명란 120g
면 쓰유 6큰술
물 1컵
마요네즈 4큰술

만드는 법

모든 재료를 잘 섞는다.

메밀국수와 아보카도의 환상 궁합

캘리포니아 메밀국수 쓰유

배합(만들기 편한 분량)

아보카도 1개
레몬즙 2큰술
면 쓰유 6큰술
물 1컵
채 썬 시소 2장 분량
고추냉이 적량

만드는 법

아보카도는 씨앗과 껍질을 벗겨 대강 으깬 다음 레몬즙을 넣고 섞는다. 면 쓰유와 물을 넣어 섞고 시소와 고추냉이를 곁들인다.

삶은 우동에 섞어주면 완성

달걀 파래 우동 쓰유

배합(우동면 4인분)

달걀 4개
면 쓰유 8큰술
파래 2작은술

만드는 법

달걀은 곱게 풀어 면 쓰유를 넣고 섞는다. 삶은 우동을 넣고 섞은 다음 파래를 뿌린다. 냉우동에도 잘 어울린다.

샐러드와 쇠고기 다타키

(たたき, 고기의 표면만 익혀 얇게 썰어 향신재료를 올려 먹는 요리)

일본식 크림 드레싱

배합(만들기 편한 분량)

생크림 1/2컵
면 쓰유 2큰술

만드는 법

모든 재료를 잘 섞는다.

유제품

Dairy products

유제품

일본에서는 유염 비발효 버터가 일반적입니다.

영양 이야기

우유는 양질의 단백질을 포함하고 있습니다. 요구르트와 치즈 등의 발효제품은 단백질을 더 잘 흡수합니다.

우유는 단단하다

우유의 수분량은 88.5%, 오이는 97%로 수분 함유량으로 봤을 때 우유는 채소보다 단단하다고 말할 수 있습니다. 우유는 수분 이외에 단백질, 당질, 비타민 등의 성분으로 구성되어 있습니다.

시작은 우유

유제품이란 동물의 젖, 특히 우유를 가공해서 만든 제품의 총칭입니다. 우유는 이름 그대로 소의 유즙을 말하며 지방, 단백질, 칼슘, 비타민이 풍부하게 포함되어 영양가가 높기로 잘 알려져 있습니다.

주된 유제품으로는 우유를 보존할 수 있도록 가공한 탈지유, 연유, 발효유 등 유산음료와 지방, 단백질을 분리 가공해서 만든 버터, 치즈, 크림, 요구르트, 아이스크림 등이 있습니다.

우유 판매 형태의 변천

"일본 낙농 발상지"라고 적힌 기념비가 치바현(千葉県) 미나미보소시(南房総市)에 있습니다. 그 외에도 도쿠가와(徳川) 8대 장군인 요시무네(吉宗)가 인도에서 소를 수입해서 우유로 만든 것이 일본 버터의 출발점이라고 합니다. 당시에는 자양강장제, 해열제 등의 약으로 이용되었고 우유가 일반 가정에 판매되기 시작한 것은 메이지시대부터입니다.

처음에는 큰 양철통에서 국자로 퍼서 무게를 달아 판매하던 것이 작은 양철통 → 다양한 유리병 → 급식용 우유병 → 삼각뿔 모양의 팩(삼각우유) → 슈퍼에서 주로 판매하는 직방형의 종이팩으로 생활의 변화에 따라 용기의 모양도 함께 달라졌습니다.

버터

우유의 지방분을 굳힌 것으로 유염, 식염무사용, 발효, 비발효의 네 가지 종류가 있습니다.

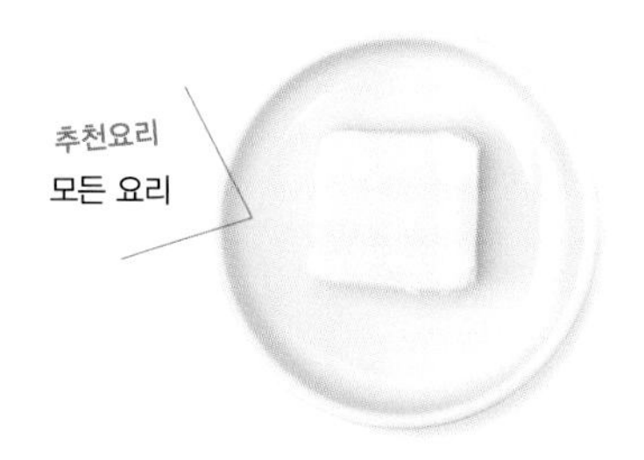

요구르트

우유를 유산균으로 발효해 산미가 상큼합니다.

생크림

우유의 지방성분. 요리에 깊이를 더해주며, 부드럽게 만들어줍니다.

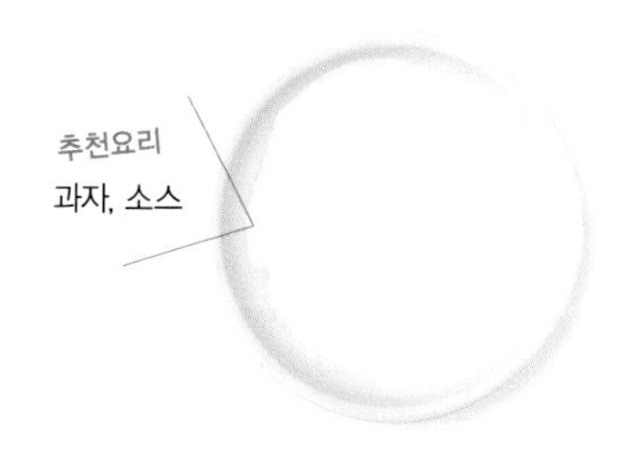

파르메산 치즈

딱딱한 치즈를 가루상태로 만든 것으로 칼슘이 아주 풍부합니다.

크림 치즈

생크림과 우유로 만들어 빵에 발라 먹거나 과자를 만들 때 사용합니다.

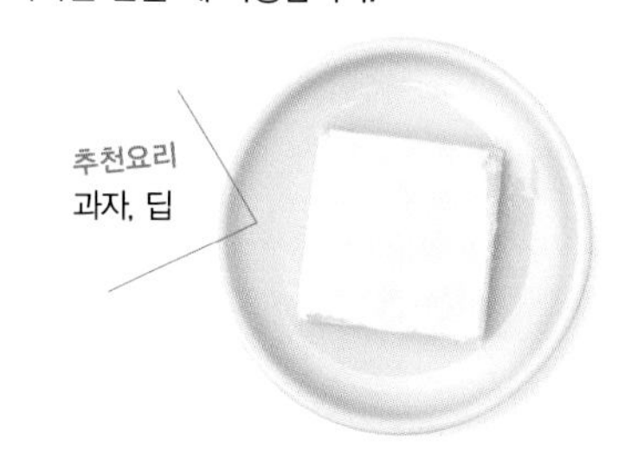

자연 치즈

가열처리하지 않은 치즈로 블루치즈, 모차렐라치즈 등 개싱이 깅한 제품이 많습니다.

가공 치즈

가열처리로 맛을 균일화한 치즈입니다. 냄새가 없어서 사용하기 좋습니다.

고르는 법과 종류

다양한 유제품은 각각의 특성을 알아두고 요리에 따라 구분해 사용하세요.

요리에서 크게 활약을 하는 유제품

식생활이 서구화되면서 유제품과 요리의 관계도 깊어졌습니다. 우유는 서양식 요리는 물론이고 우유죽, 된장국, 라멘, 카레, 조림에도 잘 어울립니다. 또한 부드럽고 순한 맛을 만들어 줍니다. 치즈나 요구르트는 몸에 좋은 발효식품으로 영양의 균형을 이룬 제품이라는 점이 특징입니다. 특히 치즈는 종류도 많으며 섞고, 끼워 넣고, 말고, 녹이는 등 다양한 조리법으로 활용할 수 있는 편리한 식재료입니다. 버터는 1회 섭취량을 보면 생각보다 콜레스테롤이 높지 않습니다. 토스트나 소테 이외에도 요리의 마무리에 넣어주면 깊이와 풍미가 살아납니다.

사용법

요리에 맛과 향을 더해주며 불을 끄기 직전에 넣어주면 풍미가 살아납니다. 그 외에도 잡냄새 제거를 위한 손질에도 사용합니다.

조리 효과

공통

- 향을 더해주는 효과가 있어 뫼니에르의 버터구이, 파스타에 치즈가루를 뿌립니다.

버터

- 향과 윤기를 줍니다. 비프스튜 등에 사용하며 불을 끈 다음 넣어줍니다.

요구르트

- 냄새를 없애고 재료를 부드럽게 해줍니다. 고기의 밑간에도 이용합니다.

보관방법

냄새가 잘 배기 때문에 단단히 밀봉해 냉장고에서 보관합니다. 유통기한이 짧은 것도 많으므로 확실하게 확인한 다음, 구입합니다.

소스

스튜나 그라탱에

화이트소스의 기본

배합(만들기 편한 분량)

버터 2큰술
박력분 2큰술
우유 2컵
소금 1/3작은술
후추 약간
월계수잎 1/3장
다진 양파 약간

만드는 법

냄비에 버터를 녹이고 박력분을 넣는다. 약한 불로 볶고 우유를 넣어 정성껏 저어준다. 조미료와 양파, 월계수잎을 넣고 약불로 10분 정도 저어가며 끓인다.

메모

요리에 사용할 때, 월계수잎은 꺼내주세요. 크로켓용에는 버터 3큰술, 박력분 5큰술, 스튜용에는 버터 3큰술, 박력분 4큰술로 늘려서 농도를 진하게 해줍니다.

우유를 사용한

어른들만의 까르보나라

배합(스파게티 320g 분량)

소스
- 달걀 2개
- 달걀노른자 2개 분량
- 파르메산 치즈 8큰술
- 우유 1/2컵

베이컨 100g
올리브유 4큰술
후추 적량

만드는 법

배합 소스를 볼에 넣어 섞는다. 1cm 폭으로 자른 베이컨은 올리브유로 볶아서 삶아 놓은 파스타와 섞는다. 소스가 있는 볼로 옮겨 재빨리 섞고 후추를 뿌린다.

흰살생선에 잘 맞는

머스터드 크림 소스

배합(만들기 편한 분량)

화이트소스 1컵
콩소메 수프 1/3컵
씨겨자 2작은술

만드는 법

화이트소스를 냄비에 넣고 수프를 넣는다. 불을 켜서 섞은 후 불에서 내려 머스터드를 넣어준다.

삶은 콩을 넣고 조리면

카레 크림 소스

배합(만들기 편한 분량)

크게 다진 양파 1개 분량
다진 마늘 1톨 분량
버터 2큰술
박력분 2큰술
카레 가루 1큰술
우유 2컵
소금 1/2작은술

만드는 법

버터로 마늘과 양파를 볶다가 박력분을 넣고 잘 볶아준다. 카레 가루를 넣고 섞은 다음 우유에 불려 소금으로 간을 한다.

깊이가 있는 친숙한 소스

부드러운 까르보나라

배합(스파게티 320g 분량)

소스
- 달걀(풀어놓은 것) 4개 분량
- 파르메산 치즈 25g
- 소금, 굵은 후추 약간씩
- 생크림 1컵 약

베이컨 4장
올리브유 1큰술
후추 약간

만드는 법

볼에 배합 소스 재료를 모두 넣고 섞는다. 1cm 폭으로 자른 베이컨은 올리브유로 볶다가 삶은 파스타와 파스타 삶은 물 1큰술을 넣어준다. 소스가 들어 있는 볼에 옮겨 재빨리 섞고 후추를 뿌린다.

우유가 남으면

유통기한 안에 다 마시지 못할 것 같은 우유가 있으면 화이트소스로 만들어 냉동해두면 좋아요. 머스터드와 카레 가루로 변화를 주면 다양한 맛을 낼 수 있습니다.

딥

허브의 향이 싱그러운

허브 버터

배합(만들기 편한 분량)

버터 180g
다진 셀러리 1큰술
다진 타임 1큰술

만드는 법

버터는 실온에 두었다가 부드러운 상태가 되면 셀러리와 타임을 섞는다. 빵에 바르거나 해산물의 소테에 사용해도 좋다.

짜지 않아 요리에 사용하기 편리한

안초비 버터

배합(만들기 편한 분량)

버터(무염) 100g
안초비 30g

만드는 법

안초비는 물에 5분 정도 넣어 소금기를 빼서 믹서에 돌린다. 버터는 실온에 두었다가 부드럽게 만든 후 안초비를 섞는다. 삶은 감자에 무쳐 먹으면 맛있다.

부드러운 맛, 빵에 발라서

밀크 버터

배합(만들기 편한 분량)

버터 50g
연유 3큰술

만드는 법

버터는 실온에서 부드럽게 만든 후 연유를 넣고 잘 섞는다.

입안에서 톡톡

명란 요구르트 딥

배합(만들기 편한 분량)

안초비 요구르트 1컵
명란(생식용) 40g
다진 양파 40g
다진 마늘 약간
후추 약간

만드는 법

키친페이퍼를 깔아 놓은 체에 요구르트를 넣고 잠시 그대로 둬서 물기를 뺀다. 명란은 껍질을 벗겨 풀어 놓는다. 모든 재료를 잘 섞는다.

잘게 자른 허브와 채소를 섞은

플레인 요구르트 딥

배합(만들기 편한 분량)

요구르트 1컵
올리브유 1큰술
다진 마늘 1작은술
식초 1작은술
소금 1/2작은술

만드는 법

키친페이퍼를 깐 체에 요구르트를 넣고 잠시 그대로 둬서 물기를 뺀다. 모든 재료를 잘 섞는다.

달콤새콤하고 부드러운

마멀레이드 치즈 딥

배합(만들기 편한 분량)

마멀레이드 35g
크림치즈 50g

만드는 법

재료를 잘 섞는다.

두부로 만든 담백하고 먹기 편한 맛

두부와 블루치즈 페이스트

배합(만들기 편한 분량)

두부(단단한 것) 1/2모
블루치즈 50g
엑스트라버진 올리브유 2큰술
후추 적량

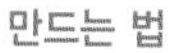

만드는 법

두부는 무거운 것을 얹어 수분을 뺀다. 두부와 블루치즈를 가는 체에 걸러준 다음 올리브유, 후추를 섞는다. 블루치즈의 염분이 약할 때는 소금을 약간(분량 외) 넣어준다.

카레 가루로 맛을 강조한

아보카도 딥

배합(만들기 편한 분량)

아보카도 1개
레몬즙 1작은술
생크림 2큰술
소금, 후추 약간씩
카레 가루 약간

만드는 법

아보카도는 씨를 빼고 포크로 으깬 후 레몬즙을 뿌린다. 생크림을 넣고 섞어 소금, 후추, 카레 가루로 간을 한다.

구이

레몬의 풍미가 살아있는 소스

연어 뫼니에르

(meuniere, 생선을 밀가루에 가볍게 불려 버터에 굽는 요리)

배합(생연어 4토막 분량)

튀김옷
- 소금, 후추 적량씩
- 밀가루 적량

버터 1큰술

소스
- 마요네즈 1큰술
- 레몬즙 1큰술
- 다진 양파 2큰술
- 다진 파셀리 1큰술

메모

연어에 우유를 전체적으로 뿌려주면 비린내가 없어집니다.

기본 레시피

재료(4인분)

생연어 4토막
우유 3큰술
위의 배합 튀김옷, 소스
식용유 1큰술

만드는 법

1. 연어에 우유를 뿌려 10분 정도 둔 후 수분을 닦아낸다. 배합의 튀김옷 재료를 뿌리고 남은 가루는 털어낸다.
2. 식용유를 두른 프라이팬에 배합의 버터를 녹인다. 1을 껍질 쪽부터 노릇하게 굽는다. 배합의 소스를 잘 섞는다.
3. 연어의 양면이 다 구워지면 그릇에 담고 소스를 뿌린다. 취향에 따라 감자튀김이나 당근 글라세를 곁들인다.

산미가 있는

연어 크림 구이

배합(생선 4토막 분량)

구이용 소스
- 레몬즙 1개 분량
- 마요네즈 4큰술
- 사워 크림 4큰술
- 화이트와인 1큰술
- 카레 가루 2작은술

만드는 법

내열 용기에 소금, 후추를 뿌려 놓은 생선 토막을 올리고 잘 섞은 구이용 소스를 뿌려 200℃로 예열한 오븐에서 10분 동안 굽는다.

버터와 크림을 잘 못 먹는 사람도 깔끔하게 즐기는

연어 허브 구이

배합(염장 연어 3토막 분량)

마리네 소스
- 얇게 썬 레몬 3~4장
- 올리브유 3큰술
- 청주 1.5큰술
- 허브믹스 1/3작은술
- 소금, 후추 약간씩

만드는 법

잘 섞은 마리네 소스에 염장연어를 재워 하루 밤 둔다. 프라이팬에 연어를 노릇하게 굽는다.

고급스럽고 부드러운 맛

연어찜 레몬 소스

배합(연어 4토막 분량)

콩소메 수프 1/4컵
레몬즙 2큰술
버터 50g

만드는 법

작은 냄비에 콩소메 수프를 넣고 반으로 줄어들 때까지 졸인다. 레몬즙을 넣고 데운 다음 딱딱한 버터를 조금씩 넣어 녹인다. 쪄낸 연어에 뿌린다.

양파와 버터로 진한 맛의 소스

연어 튀김 어니언 소스

배합(만들기 편한 분량)

다진 양파 100g
우유 2큰술
소금 약간
후추 약간
버터 20g

만드는 법

양파는 색이 변하지 않도록 버터를 넣어 약불로 10분 정도 볶는다. 우유를 넣고 양이 절반으로 줄 때까지 졸인다. 소금, 후추로 간을 한다.

뫼니에르는 저온에서

버터는 타는 온도가 식용유보다 낮기 때문에 뫼니에르는 저온에서 오랫동안 구워줍니다. 타면 향이 나빠지고 색도 검게 변하므로 주의하세요.

신선한 레몬의 풍미
레몬 버터 토스트

배합
식빵 1장
녹인 버터 1/2
레몬즙 1큰술
그라뉴당 1/2큰술

만드는 법
식빵을 굽는다. 녹인 버터에 레몬즙을 섞어 토스트에 바르고 그라뉴당을 솔솔 뿌린다. 다시 한 번 노릇하게 굽는다.

아침식사에 잘 어울리는
사과 버터 토스트

배합
식빵 1장
사과 1/8개
녹인 버터 1/2큰술
설탕 1작은술

만드는 법
사과를 작게 잘라 녹인 버터에 버무린다. 식빵에 올려 설탕을 뿌려 굽는다. 굽는 정도는 취향에 맞춘다.

안주로 좋은
피시 소스 버터 토스트

배합
식빵 1장
버터 2작은술
피시 소스 적량

만드는 법
식빵에 굽는다. 버터를 바르고 피시 소스를 뿌린다. 짠맛이 강하므로 양은 적게 넣는다.

간장의 고소한 맛을 느낄 수 있는
김 버터 토스트

배합
식빵 1장
간장 1작은술
버터 적량
김 식빵 크기로 1장

만드는 법
식빵에 간장을 발라 굽는다. 버터를 바르고 김을 올려 다시 30초 정도 굽는다.

은은한 산미가 느껴지는
머스터드 버터 토스트

배합
식빵 1장
머스터드 3작은술
버터 2작은술

만드는 법
머스터드와 버터를 잘 섞어서 식빵에 바르고 굽는다.

노릇노릇 고소하게 구운
참깨 버터 토스트

배합
식빵 1장
참깨 1큰술
녹인 버터 2작은술

만드는 법
버터를 식빵에 발라 참깨를 듬뿍 뿌려 굽는다.

향이 좋은 튀김옷을 입힌

포크 피카타

(Piccata, 얇게 썬 고기에 밑간을 하고 밀가루를 뿌려 치즈를 섞은 달걀을 입혀 소테한 요리)

배합(돼지고기 300g 분량)

튀김옷

- 달걀 2개
- 치즈 가루 4큰술
- 다진 셀러리 2큰술
- 다진 마늘 1/2톨 분량

메모

피카타의 튀김옷은 요리의 간을 맞추는 역할도 합니다. 남은 튀김옷도 고기에 올려 구워주세요.

기본 레시피

재료(4인분)

돼지고기(생강구이용) 300g
위의 배합 튀김옷
밀가루, 소금, 간장 적량씩
식용유 4큰술

만드는 법

1. 돼지고기는 지방과 살 사이에 짧게 칼집을 넣어주고 소금, 후추, 밀가루를 뿌려둔다.
2. 배합의 튀김옷을 잘 섞어 1을 바른다.
3. 식용유를 두른 프라이팬에 2를 넣고 양면을 굽는다.
4. 그릇에 담아 다른 채소들을 함께 곁들인다.

스파이시하고 독특한 인도 전통 치킨

탄두리(tandoori) 치킨

기본 레시피

재료(4인분)

닭 다리(뼈 있는 것) 4개
배합 소스

취향에 따라

- 라임

배합(뼈 있는 닭 다리 4개 분량)

소스

- 카레 가루 2큰술
- 플레인 요구르트 2컵
- 토마토케첩 4큰술
- 우스터 소스 4큰술
- 다진 마늘 2작은술
- 소금 2작은술
- 후추, 육두구 약간씩

메모

닭고기는 맛이 잘 들도록 포크로 찔러 구멍을 내서 조리하고 소스를 발라줍니다.

만드는 법

1. 닭고기는 포크로 구멍을 내고 뼈를 따라 칼집을 넣어준다.
2. 소스에 1을 넣어 섞어주고 1시간 정도 재워둔다.
3. 230℃의 오븐에서 30~40분 굽는다. 취향에 따라 라임을 곁들인다.

고기의 육즙을 살린

요구르트 스페어 립

배합(스페어 립 8개 분량)

플레인 요구르트 150g
된장 3큰술
간장 1큰술
설탕 1큰술
다진 마늘 1작은술

만드는 법

모든 재료를 잘 섞어 스페어 립을 넣고 2시간 이상 재운 후 180℃로 예열한 오븐에서 15분간 굽는다.

요구르트로 육즙이 가득하게

고기를 요구르트에 넣으면 부드러워져서 맛이 좋아집니다. 비프스튜를 만들 때도 고기를 미리 재워두면 훨씬 더 맛있어져요.

수프 · 전골

심플하고 진한 맛
소금 버터 전골

배합(4인분)
버터 40g
다진 마늘 1/2큰술
조미액
닭고기 육수 2컵
청주 1컵
소금, 굵은 후추 적량씩

만드는 법
질그릇 냄비에 버터 분량의 1/2을 녹이고 마늘을 볶은 다음 조미액을 넣고 가열한다. 소금, 굵은 후추로 조미해서 좋아하는 재료를 넣고 끓인다. 마무리로 남은 버터를 넣으면 완성.

배추 전골에 치즈를 넣은
치즈 전골

배합(4인분)
조미액
콩소메 수프 4컵
소금 2/3작은술
후추 적량
카망베르치즈 1개
굵은 후추 적량

만드는 법
배추와 돼지고기를 냄비에 넣고 조미액을 넣어 가열한다. 배추가 부드러워지면 재료를 가장자리로 밀고 치즈를 넣는다. 치즈가 따뜻해지면 후추를 뿌린다.

겨울에 먹고 싶은 진한 맛
치즈 퐁듀

배합(4인분)
피자용 믹스 치즈 400g
마늘 1톨
화이트와인 1컵
후추 약간
육두구 약간
파프리카 약간

만드는 법
마늘을 반으로 잘라 냄비에 문지른다. 화이트와인을 붓고 약불로 끓인다. 치즈를 넣고 섞어가면서 녹이고 후추, 육두구, 파프리카로 맛을 조절한다. 작게 자른 바게트나 채소를 찍어서 먹는다.

식욕이 없을 때 좋은
차가운 요구르트 수프

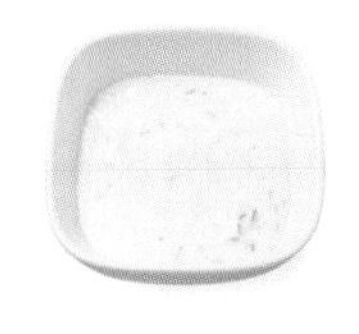

배합(4인분)
플레인 요구르트 300g
미네랄워터 150ml
엑스트라버진 올리브유 2작은술
다진 딜 1작은술
마늘즙 1작은술
소금 1작은술

만드는 법
모든 재료를 잘 섞는다. 작게 깍둑썰기 한 오이를 넣으면 맛있다.

신선한 산미가 느껴지는 수프
어니언 요구르트 수프

배합(4인분)
다진 양파 1/2개 분량
다진 마늘 1/2톨 분량
콩소메 수프 2.5컵
플레인 요구르트 1컵
올리브유 약간

만드는 법
올리브유를 달궈 양파와 마늘을 넣고 볶는다. 양파가 숨이 죽으면 콩소메 수프를 넣고 15분 정도 끓인다. 요구르트를 넣어주고 다시 한 번 가열해서 끓어오르면 불에서 내린다.

요구르트 수프?

불가리아에서 여름에 먹는 대표적인 수프 타라토르(tarator). 강판에 간 오이를 넣고 만들며 시원한 맛이 나서 식욕이 없을 때 먹으면 좋습니다.

볶은 양파의 단맛과 치즈의 고소함이 절묘한 조화
어니언 그라탱 수프

배합(4인분)
얇게 썬 양파 4개 분량
식용유 6큰술
조미액
고형 수프 1개
물 2컵
간장 2작은술
소금 2/3작은술
후추 약간
간장 2작은술
치즈 가루 80g
바게트 4조각

만드는 법
식용유를 두른 프라이팬에 양파를 20분 정도 볶는다. 냄비에 양파를 옮기고 조미액을 넣고 가열한다. 끓기 시작하면 약불로 줄이고 5분 정도 더 끓인 다음 내열 용기로 옮긴다. 바게트와 치즈 가루를 얹어서 오븐 토스트에서 7분 동안 굽는다.

치즈 소스

서양 소스로 찹쌀떡의 매력을 재발견

찹쌀떡 치즈 소스

배합(찹쌀떡 2개 분량)

버터 1/2큰술
크림치즈 40g
설탕 1/2큰술
우유 1작은술
달걀노른자 1작은술

만드는 법

내열 용기에 달걀노른자 이외의 재료를 넣고 전자레인지에서 20~30초 가열한다. 부드러워질 때까지 숟가락으로 잘 섞어주며 마지막에 달걀노른자를 넣는다. 구운 찹쌀떡에 잘 발라준다.

와인의 풍성한 풍미가 느껴지는

달걀 치즈 소스

배합(오믈렛 4개 분량)

가공치즈 60g
화이트와인 4큰술
타라곤 적량
소금 약간
후추 약간

만드는 법

냄비에 화이트와인을 데운 다음 작게 자른 치즈를 넣는다. 치즈가 녹으면 소금, 후추, 잘게 찢은 타라곤을 넣는다. 오믈렛에 끼얹는다.

과일에 곁들이는

디저트 치즈 크림

배합(만들기 편한 분량)

크림치즈 50g
설탕 15g
브랜디 2작은술
생크림 125ml

만드는 법

크림치즈를 전자레인지에 약간 가열해서 따뜻하게 만든다. 설탕, 브랜디를 넣고 거품기로 섞는다. 생크림을 조금씩 넣어가며 전체적으로 잘 섞어준다.

레몬으로 상큼하게

고기 치즈 소스

배합(고기 600g 분량)

블루치즈 40g
레몬즙 1큰술
후추 약간

만드는 법

치즈는 으깨서 냄비에 넣고, 레몬즙, 후추를 넣는다. 약불에서 가열해서 치즈를 녹인다. 램이나 돼지고기 소테에 곁들인다.

담백한 생선에 부드러운 맛을

생선 치즈 소스

배합(생선 4토막 분량)

피자용 믹스 치즈 2장
전분가루 1/2작은술
화이트와인 1/4컵
우유 1/4컵
후추 약간

만드는 법

볼에 치즈와 전분가루를 넣고 화이트와인을 부어 전자레인지에서 1분 정도 가열한다. 우유와 후추를 넣고 다시 한 번 전자레인지에서 30초 정도 가열한다. 소스가 너무 걸쭉하면 우유를 더 넣어준다.

벌꿀의 단맛이 포인트

채소 치즈 소스

배합(만들기 편한 분량)

벌꿀 2큰술
화이트와인 비네거 6큰술
올리브유 1큰술
소금, 후추 적량
치즈 가루 6큰술

만드는 법

모든 재료를 잘 섞는다. 데친 채소에 곁들인다.

다양한 치즈 소스

고기에

향이 강한 블루치즈에 후추를 가미한 소스는 진한 고기요리에 어울립니다.

생선에

화이트와인을 넣은 소스는 흰 살생선과 궁합이 잘 맞습니다. 전자레인지로 간단히 만들어 보세요.

채소에

치즈 가루에 식초를 넣은 소스는 드레싱처럼 사용하면 좋습니다. 가벼운 소스로 채소의 맛을 즐깁니다.

달걀에

오믈렛에 항상 곁들이고 싶은 소스. 특별한 파티용 요리로 변신합니다. 타라곤은 달걀과 아주 잘 어울리는 허브입니다.

천연 조미료
기타 조미료 2
Food for Dashi
other seasonings 2
15 mL 1 TABLESPOON

마늘

효능이 많은

마늘은 고대 이집트에서 피라미드 건설 작업자에게 강장제로 지급될 정도로 피로회복, 혈액순환, 소화촉진, 혈전방지, 항균작용, 암 예방 등의 효과가 있다고 합니다. 자극적인 냄새를 가진 스테미너 식재료로 중화식 볶음 요리와 조림에는 물론이고 모든 요리에 맛의 포인트를 줄 때 사용합니다. 통째로 → 으깨서 → 얇게 썰어서 → 다져서 → 갈아서 사용하는 순서로 마늘의 향이 강해집니다. 요리에 따라 어울리는 정도를 찾아서 사용합니다.

고르는 법과 종류

생마늘 이외에도 다진 마늘이나 가루로 만든 것도 있습니다. 보관하기 편한 가공품을 활용하면 좋습니다.

다진 마늘

마늘을 다진 상태로 향이 상당히 강합니다. 조금씩 양을 조절하면서 사용합니다.

마늘가루

마른 마늘을 분말 상태로 만든 제품입니다. 버터에 섞어도 맛있습니다.

다진 마늘은 시간이 지난 후에

마늘은 항산화작용을 하는 알리신이라는 물질이 포함되어 있습니다. 공기에 닿으면 알리신의 활동을 활발히 하기 때문에 마늘을 다지고 시간이 지난 후 사용하도록 합니다.

파스타, 마리네에 이용하는 만능 오일
갈릭 오일

배합(만들기 편한 분량)
올리브유 1/2컵
마늘 50g

만드는 법
냄비에 올리브유를 넣고 중불로 가열하면서 얇게 썬 마늘을 넣고 천천히 갈색이 될 때까지 튀긴다. 식은 후에 마늘과 함께 보관 용기에 담아 실온에서 보관한다. 만든 후 바로 사용한다.

향이 풍부한
마늘 참기름

배합(만들기 편한 분량)
다진 마늘 1/2톨 분량
참기름 1/2컵

만드는 법
모든 재료를 넣고 잘 섞는다. 중화식 샐러드나 볶음 요리에 잘 어울린다.

밥도둑
마늘 된장 양념

배합(만들기 편한 분량)
된장 500g
청주 1/3컵
마늘 1개

만드는 법
마늘은 세로로 1/20이나 1/4로 자르고 심을 뺀다. 볼에 다른 재료와 함께 섞어 밀폐용기에 넣고 냉장고에 보관한다. 채소나 고기를 재워뒀다 사용한다.

심플해서 모든 음식에 사용할 수 있는
마늘 간장

배합(만들기 편한 분량)
마늘 적량
간장 적량

만드는 법
마늘은 뿌리를 잘라내고 껍질을 벗긴다. 보관 용기에 넣고 마늘이 잠길 정도로 간장을 부어 밀봉한다. 닭튀김이나 볶음 요리에 사용하면 좋다.

적은 재료로 간단히 만드는
심플 바냐 카우더

배합(만들기 편한 분량)
마늘 10톨
우유 1컵
소금, 후추, 올리브유 약간씩

만드는 법
마늘은 반으로 잘라서 5~6번 물을 갈아주며 삶는다. 마늘이 잠길 정도로 우유를 넣고 20~30분 삶은 다음 우유와 함께 가는 체에 걸러준다. 소금, 후추, 올리브유로 맛을 낸다.

바로 사용할 때는
즉석 마늘 된장

배합(만들기 편한 분량)
마늘 1톨
된장 3큰술
설탕 2큰술
간장 1큰술
청주 1큰술

만드는 법
마늘은 껍질째로 전자레인지에서 1분 30초 가열한다. 껍질을 벗겨 포크로 대강 으깬 후 남은 재료를 모두 넣고 잘 섞는다. 볶음장으로 사용할 수 있다.

채소와 먹기 좋은 딱 알맞은 간
바냐 카우더

기본 레시피

재료
좋아하는 채소
당근, 치커리, 셀러리, 브로콜리 등
오른쪽의 소스

만드는 법
1. 소스 재료인 마늘을 5톨씩 랩에 싸서 전자레인지에 넣고 30초 가열한 다음 포크로 으깬다. 안초비를 칼로 두드린다.
2. 1과 올리브유를 내열 용기에 넣고 랩을 씌워서 전자레인지에서 약 30초 가열한다.
3. 취향의 채소를 먹기 좋게 잘라 소스에 찍어서 먹는다.

배합(만들기 편한 분량)
소스
마늘 10톨 분량
안초비 10장
올리브유 100ml + 2큰술

메모
바냐 카우더 소스는 겨울에는 따뜻하게, 여름에는 차갑게 준비한다. 채소도 취향에 따라 생채소, 찐 채소, 삶은 채소 등 원하는 대로 준비한다.

생강

생강으로 몸을 따뜻하게

생강은 신진대사를 활발하게 만들어 몸을 따뜻하게 해주는 식재료로 인기를 모으고 있습니다. 생강차, 생강 쿠키, 꿀 생강, 진저하이볼 등 최근에는 다양한 상품이 계속 판매되고 있습니다.
매력적인 생강의 매운맛과 향기는 오래 전부터 약용과 향신료로 사용해 왔습니다. 생선의 비린내를 없애주는 작용도 있어서 한국과 일본에서는 빼놓을 수 없는 식재료이며 짜릿한 매운맛은 안주에도 잘 어울립니다.

고르는 법과 종류

몸을 따뜻하게 하는 생강은 일상에서 쉽게 사용할 수 있는 형태로 많이 개발되어 있습니다. 가공품도 이용하면 편리합니다.

다진 생강

바로 사용할 수 있도록 다져 놓은 상태로 볶음이나 무침에 사용하면 편리합니다.

생강가루

수프나 홍차 등 음료로 사용하거나 튀김의 소금에 함께 섞어도 맛있습니다.

정통 단식초

생강 단식초 절임

배합(생강 2개 분량)
단식초
- 식초 1컵
- 설탕 1/2컵 약
- 소금 1작은술

기본 레시피

재료(만들기 편한 분량)
얇게 썬 생강 2개 분량
위의 배합 단식초

만드는 법
1. 단식초의 재료를 전부 냄비에 넣고 가열하다 끓기 시작하면 불에서 내려 식힌다.
2. 생강은 물을 많이 넣고 1분 정도 삶다가 체에 밭쳐서 물기를 뺀다.
3. 보관 용기에 2의 생강을 넣고 1의 단식초를 부어 하룻밤 절인다.

연어나 쇠고기 등 서양식 초밥에 곁들이는

서양식 단식초 생강

배합(만들기 편한 분량)
배합초
- 화이트와인 비네거 3큰술
- 벌꿀 1작은술
- 소금 2/3작은술
- 후추 약간

벌꿀 2작은술

만드는 법
작은 냄비에 배합초 재료를 모두 넣고 약불로 가열하면서 잘 섞는다. 벌꿀을 넣어 끓기 직전에 불에서 내려 식힌다. 기본 레시피를 참고해서 생강을 절인다.

몸이 따뜻해지는 시럽

흑설탕 생강 시럽

배합(만들기 편한 분량)
얇게 썬 생강 1팩 분량
물 1.5컵
홍고추(씨 뺀 것) 1개
흑설탕 1컵

만드는 법
냄비에 생강과 물, 홍고추를 넣고 불을 켠다. 끓기 시작하면 약한 불에서 10분 정도 더 끓인다. 흑설탕을 넣고 잘 섞어서 완전히 녹을 때까지 끓인다. 열기가 다 빠지면 보관 용기에 넣는다. 홍차에 넣어 마시는 것 이외에도 요리에 활용하면 좋다.

생강이 생선 비린내를 중화

생선 생강 조림

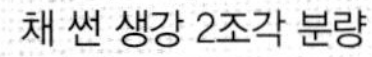

배합(정어리 8마리 분량)

조미료

- 채 썬 생강 2조각 분량
- 간장 3큰술
- 미림 2큰술
- 설탕 1큰술
- 식초 1큰술
- 청주 1/2컵
- 물 1.5컵

메모

꽁치를 초벌로 삶을 때 물에 식초를 넣어주면 비린내가 없어집니다.

기본 레시피

재료(4인분)

정어리 8마리

위의 배합 조미료

만드는 법

1 정어리는 머리와 내장을 제거하고 씻어 물기를 잘 닦아낸다.

2 배합의 조미료, 정어리를 냄비에 넣고 뚜껑을 얹어 20분 정도 조린다.

고기의 밑간에

생강 소금

배합(만들기 편한 분량)

다진 생강 1큰술

소금 3큰술

만드는 법

재료를 잘 섞는다.

매콤한 생강의 풍미가 식욕을 돋우는

생선 향미 소스

배합(생선 4토막 분량)

다진 생강 1/3컵

화이트와인 1/4컵

미림 1큰술

간장 1큰술

올리브유 1큰술

만드는 법

올리브유를 두른 프라이팬에 생강을 볶다 향이 나기 시작하면 적힌 순서대로 넣어 가열한다. 끓기 시작하면 불을 끈다.

깔끔한 맛의 삶은 돼지고기

돼지고기 생강찜

배합(돼지고기 250g 분량)

생강 1/2컵

청주 6큰술

현미 식초 6큰술

다진 생강 2큰술

다진 마늘 2큰술

참기름 2큰술

후추 약간

만드는 법

냄비에 간장과 청주를 넣고 가열한다. 끓기 시작하면 불을 끄고 남은 재료를 넣는다. 소금을 넣고 삶은 돼지고기를 담가둔다.

생강을 넣은 대표요리

시구레 조림

배합(쇠고기 300g 분량)

조미액

- 채 썬 생강 2조각 분량
- 청주 1/4컵

간장 1/4컵

설탕 1큰술

미림 1큰술

만드는 법

냄비에 조미액을 넣고 가열하다 끓기 시작하면 쇠고기를 넣고 조금 더 끓인다. 배합의 조미료로 간을 하고 소스를 발라가면서 조린다.

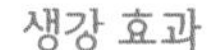

생강 효과

생강에는 고기를 부드럽게 하는 효과와 생선의 비린내를 억제하는 효과가 있습니다. 조림을 할 때 넣거나 재료를 손질할 때 사용해보세요.

겨울에 더 맛있는 뿌리채소조림

뿌리채소 생강 조림

배합(뿌리채소 300g)

조미액

- 생강 100g
- 청주 1컵
- 닭고기 육수 1컵

소금 1작은술

만드는 법

생강은 적당한 크기로 으깬다. 냄비에 조미액을 넣고 끓인 다음 재료를 넣고 20분 정도 조린다. 소금으로 간을 한다.

고추

뜨거운 매운맛

고추의 매운맛은 가열해도 변하지 않는 것이 특징입니다. 기름에 잘 녹는 성질이 있어서 볶음 요리에 잘 어울리는 향신료입니다.

고추는 완전히 익으면 빨간색으로 변합니다.

파프리카도 고추

향신료로 사용하는 홍고추 이외에 익기 전에 먹는 청고추가 있습니다. 그 외에도 피망이나 파프리카, 꽈리고추 등 매운맛이 없고 단맛이 나는 종류도 있습니다.

매운맛 조절

매운맛은 고추의 안쪽에 많이 포함되어 있습니다. 매운맛을 줄이고 싶을 때는 씨를 빼서 사용하며 매운맛을 더하고 싶을 때는 잘게 잘라 사용합니다.

캡사이신의 힘

세계 각국에는 고추의 매운맛을 살린 요리가 많습니다. 이 매운맛은 캡사이신이라는 성분으로 뇌에 자극을 줘서 신진대사를 높이고 지방을 태워 혈액순환, 비만방지의 효과가 있다고 합니다.

우리나라 여성이 먹는 양에 비해 살이 찌지 않는 이유는 김치를 많이 먹어서라고 하여 해외에서도 캡사이신을 사용한 다이어트에 대해 화제가 되고 있습니다.

양으로 매운맛을 조절

중남미의 높은 고산지역에서 기원전인 아주 오래 전부터 재배되었던 고추는 15세기 후반, 콜럼버스가 스페인으로 들고 가서 전 세계로 퍼졌다고 합니다. 일본에는 여러 주장이 있지만 무로마치시대 후기에 들어왔다는 설이 유력합니다.

일본의 고추는 매운맛이 특징으로 그 매운맛을 살려 장르를 불문하고 여러 음식에 다양하게 사용합니다. 약간만 넣어줘도 맛이 달라지며 많이 넣을수록 매운맛이 강해집니다. 열에 강한 특성을 살려서 기름에 오랫동안 볶아 매운맛이 기름에 배도록 한 후 조리하면 좋습니다.

고르는 법과 종류

자르는 법에 따라 용도가 바뀌는 고추. 고울수록 매운맛을 느끼기 쉽기 때문에 너무 많이 넣지 않도록 주의해주세요.

마른 홍고추

마른 고추의 대표. 일본에서는 모양을 따서 다카노쓰메(매의 발톱)라고 불립니다.

추천요리
파스타, 조림

풋고추

미성숙한 상태로 생 채소로 판매합니다.

추천요리
볶음

고춧가루

절임이나 뿌려먹는 용도로 생산국에 따라 매운 정도와 알갱이의 크기가 다릅니다.

추천요리
김치

실고추

실처럼 자른 것으로 올려놓으면 화려해보여서 음식에 곁들일 때 사용합니다.

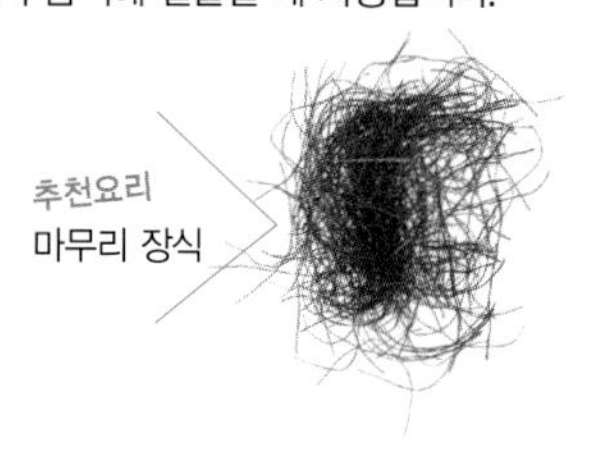

추천요리
마무리 장식

수제 고추기름

재료(만들기 편한 분량)
고춧가루(한국산, 굵은 것) 3큰술
참기름 9큰술
산초(굵게 으깬 것) 20알

만드는 법

1 프라이팬에 참기름을 넣고 150℃로 달군 다음 화초를 넣는다.
2 그대로 놓고 화초의 향이 날 때까지 기다린다.
3 고춧가루를 넣는다. 굵은 것을 사용하는 것이 포인트다
4 재빨리 기름에 볶아주고 바로 불에서 내린다.
5 타지 않도록 바로 보관 용기에 옮긴다.

매운맛 중화식 조림

닭 날개 고추 조림

배합(닭 날개 16개 분량)
식용유 2큰술
홍고추 20개
청주 1컵
된장 4큰술
물 1컵

만드는 법

식용유를 두른 냄비에 홍고추와 닭 날개를 넣고 볶는다. 향기가 나기 시작하면 남은 재료를 모두 넣고 가열한다. 끓기 시작하면 약불로 줄이고 뚜껑을 덮어 30분 정도 조린다.

매운맛이 살아있는 깔끔한 맛

에스닉 드레싱

배합(만들기 편한 분량)
잘게 썬 홍고추 3개 분량
다진 마늘 1톨 분량
피시 소스 1/4컵
레몬즙 1/2컵
설탕 1/2컵
참기름 1큰술
후추 약간

만드는 법

모든 재료를 잘 섞어 보관 용기에 옮긴다. 샐러드의 드레싱 이외에 닭튀김이나 쌀국수에 넣어도 맛있다.

레몬 대신 라임

레몬즙 대신에 라임을 사용하면 더욱 진한 향이 납니다. 라임은 레몬보다 구연산을 많이 포함하고 있어서 피로회복에 도움을 줍니다.

유자후추

싱그러운 향기와 매운맛

고춧가루와 유자 껍질에 소금을 넣고 섞은 것으로 녹색의 유자와 청고추로 만든 녹색 타입, 노란색 유자와 홍고추로 만든 오렌지색 타입이 있습니다. 이름에 '후추'가 들어갔지만, 실제로 후추는 들어가지 않았습니다.

규슈 지방의 특산물이지만 지금은 전국에서 향신료와 맛내기용으로 사용하고 있습니다. 병이나 튜브에 넣어 판매하고 있어 손쉽게 구할 수 있습니다. 전골, 절임, 파스타나 샐러드 등 여러 요리에 사용합니다.

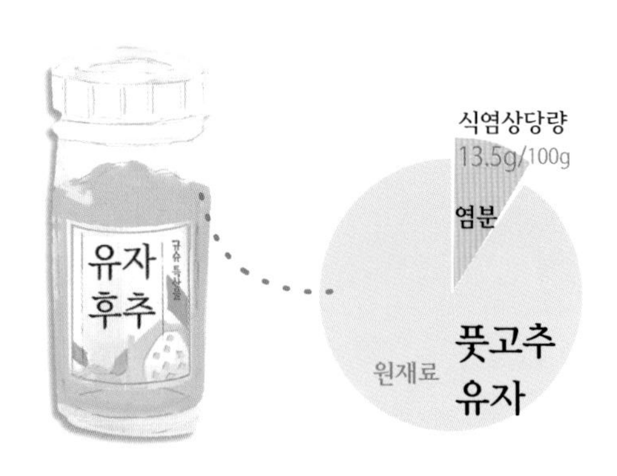

매운맛과 향이 맛을 더해주는

유자후추구이

배합(고기 600g 분량)

재움장
- 간장 4큰술
- 청주 4큰술
- 후추 약간

유자후추 2~3큰술

만드는 법

고기를 재움장에 넣고 재워 한쪽 면에 유자후추를 바른다. 미리 달군 그릴에서 양면을 굽는다. 양고기에 어울린다.

맛있는 향에 몸이 후끈후끈해지는 전골

유자후추 전골

배합(4인분)

조미액
- 다시마 국물 1.8L
- 청주 1/2컵

조미료
- 유자후추 2큰술
- 간장 1큰술
- 설탕 1꼬집
- 소금 약간

만드는 법

조미액을 섞는다. 잘 익지 않는 재료를 먼저 넣고 불을 켜서 부드러워질 때까지 가열한다. 조미료를 넣고 나머지 재료를 넣고 끓인다.

시치미

일본식 믹스 스파이스

에도시대 초기, 의사나 약방이 모여 있던 현재의 도쿄 료고쿠바시(両国橋) 근처의 한방약에서 만들어졌다고 합니다. 메밀국수가 유행하면서 향신료로 전국으로 퍼지게 되었습니다.

지방에 따라 다르긴 하지만 대표적인 재료는 고춧가루, 진피, 참깨, 산초, 대마씨, 파래, 생강, 유채씨 등으로 몸에 좋은 재료들로만 만들어졌습니다.

산미를 약화시켜주고 깊은 맛이 나며 어른의 맛으로 바꿔 주는 장점이 있습니다.

참기름으로 진한 맛을

시치미 명란

배합(만들기 편한 분량)

명란 50g
참기름 1작은술
시치미 1/4큰술

만드는 법

명란은 껍질을 벗겨 알을 풀고 남은 재료를 잘 섞는다. 튀긴 두부에 얹거나 주먹밥 속에 넣으면 좋다.

촉촉하게 잘 섞이는

칠색 유자후추

배합(만들기 편한 분량)

유자 껍질(강판에 갈은 것) 1큰술
시치미 1큰술
소금 1작은술

만드는 법

모든 재료를 절구에 간다. 닭꼬치에 곁들이거나 우동에 넣어도 맛있다.

타바스코

자극적인 매운맛과 신맛

피자나 파스타에 뿌려먹는 소스로 익숙한 타바스코는 미국에서 만들어진 소스입니다. 일본에 들어온 것은 1940년대 후반으로 역사가 깊지 않은 서양식 매운 조미료입니다.

완전히 익은 홍고추를 잘 빻아 소금과 식초에 넣고 나무통 안에서 3년 동안 발효, 숙성시켜 만듭니다.

매운맛과 신맛이 있어서 기름진 음식의 느끼함을 덜어주거나 맛을 응축시켜 깊은 맛으로 만들어 주는 등 재료의 맛을 살리는 역할을 합니다. 매운맛의 종류는 아주 다양하게 있습니다.

살사 소스

재료(4인분)

깍둑 썬 토마토 2개 분량
다진 양파 1/2개 분량
올리브유 2큰술
레몬즙 2큰술
타바스코 2작은술
소금, 후추 약간씩
다진 셀러리 약간

만드는 법

모든 재료를 잘 섞는다.

과일의 단맛으로 상큼하게

스위트 살사

재료(4인분)

타바스코 1큰술
파인애플 100g
레몬즙 2큰술
다진 생강 2작은술
크게 썬 민트 적량
다진 양파 1/4개 분량
벌꿀 1작은술
소금 약간

만드는 법

모든 재료를 잘 섞는다.

여름에 먹는 매콤한 필라프

잠발라야(jambalaya)

배합(밥 4공기 분량)

토마토케첩 4큰술
카레 가루 2작은술
타바스코 2작은술
소금, 후추 약간씩

만드는 법

밥은 양파와 토마토 등 좋아하는 재료와 함께 볶는다. 배합 소스로 간을 하고 달걀프라이를 곁들인다.

잠발라야란?

스페인의 빠에야와 비슷한 매운맛의 서양식 볶음밥으로 미국의 케이준(cajun) 요리입니다. 밥을 짓기 전에 양념을 해서 볶아 가면서 만드는 것이 원래의 레시피지만 있는 밥을 볶아도 맛있게 만들 수 있습니다.

건조식품

감칠맛 이야기

음식에는 단맛, 신맛, 짠맛, 쓴맛, 감칠맛인 다섯 가지 맛으로 구성되어 있습니다. '감칠맛'은 일본 요리의 맛에서 발견되어서 세계적으로도 일본어 발음인 'umami'라고 불립니다.

마른 오징어

마른 조개관자

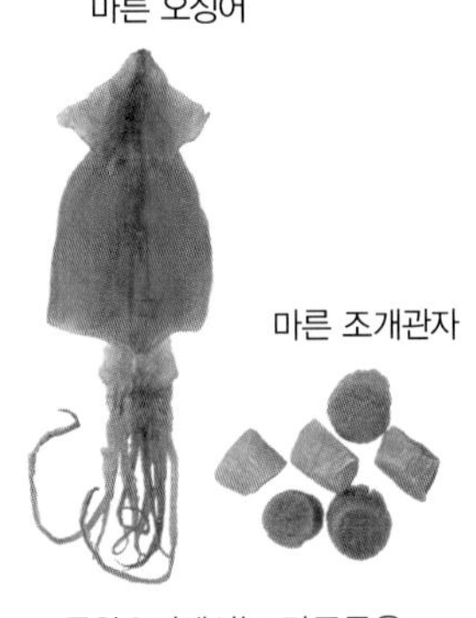

중화요리에서는 맛국물을 만들 때 마른 조개관자나 오징어를 사용합니다.

감칠맛 조미료

'감칠맛 조미료'는 사탕수수나 옥수수를 원료로 합성한 것입니다. 거기에 가쓰오부시와 다시마 등의 분말이나 엑기스를 넣어 풍미를 주는 조미료로 분류합니다.

뛰어난 보존법

제철에 먹는 해산물, 채소, 과일의 맛은 각별합니다. 옛 선조들이 맛있는 제철 음식을 오랫동안 보존할 방법을 찾아 지혜를 모아서 만든 것이 건조식품입니다. 수분을 빼서 건조시키는 단순한 보존법에는 장점이 아주 많습니다. 건조의 장점으로는 방법이 간단하다는 점, 원래의 무게보다 가벼워지고 부피가 줄어든다는 점, 감칠맛, 향, 영양성분이 증가한다는 점을 들 수 있습니다. 그리고 실온에서 보관이 가능하다는 점도 있습니다. 이렇게 많은 부가가치를 갖고 있어서 전 세계에 다양한 건조식품을 이용하고 있습니다.

감칠맛과 영양성분이 응축!

건조식품 중에서도 다시마, 가쓰오부시, 마른 멸치는 요리에 빼놓을 수 없는 맛국물(다시)을 내는 재료입니다. 맛국물의 감칠맛이 요리의 맛을 결정합니다. 정성을 들여 제대로 뽑아낸 맛국물과 시중에 판매하는 응축 조미료를 선별해서 사용하도록 합니다.

마른 표고버섯은 독특한 향과 감칠맛이 있습니다. 또한 식물섬유나 칼슘의 흡수를 도와주는 비타민D가 많이 포함되어 있으니 조리할 때 마른 표고버섯을 불린 물을 꼭, 다양하게 활용해보세요.

멸치는 말리면 철분과 칼슘이 말리기 전보다 훨씬 더 많아집니다. 성인병 예방 등 건강을 위해서 적극적으로 먹어야 할 식품입니다.

다시마

물에 담그는 것만으로 맛국물을 만들어 낼 수 있다. 가쓰오부시와 함께 이용하면 맛이 훨씬 좋다.

가쓰오부시

일본 음식의 기본이 되는 맛국물을 내는 재료로 뜨거운 물에 넣어 국물을 만든다.

고르는 법과 종류

가쓰오부시와 다시마 이외의 건조식품도 감칠맛이 풍부합니다. 요리에 맞춰 사용하면 다양한 맛을 낼 수 있습니다.

무말랭이

물에 불려서 식재료로 사용하기도 하고 불렸던 물에 단맛이 있어서 맛국물로 이용해도 좋다.

마른 표고버섯

사찰요리의 맛국물에 빼놓을 수 없는 재료이다. 중화요리에서도 대활약을 한다.

마른 멸치

독특한 향과 감칠맛이 있는 맛국물을 만들 수 있다. 된장국에 잘 어울린다.

그 외의 건조식품도 평소에는 반찬으로도 사용합니다. 요리에 다양하게 도움을 주는 식재료라고 할 수 있습니다.

건조식품은 귀중품이었다?

일본에서는 쇄국정책을 고수하던 에도시대에 나가사키(長崎)에서 많은 건조식품이 수출되었다고 합니다. 그 중에서도 마른 전복, 마른 해삼, 마른 상어지느러미 이렇게 세 가지는 다와라모노(俵物, 가마니 식품)로 불리는 중국과의 중요한 교역품목이었습니다. 현재는 일본보다 중국의 식재료로 다양하게 이용하고 있습니다. 다와라모노는 건조식품을 의미하며 당시 가마니에 넣어 수출한 것이 유래가 되었다고 합니다. 냉장, 냉동 기술도 없었던 시절에 건조식품은 지금보다 훨씬 더 귀중한 식자재로 다뤄졌을 것입니다.

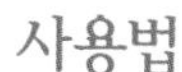

사용법

맛국물을 만들어서 조림과 국물 요리에 사용합니다. 불려서 잘게 썬 것을 볶음 요리에 넣어주면 훨씬 맛이 좋아집니다. 가쓰오부시는 요리의 마지막에 뿌려주기만 해도 OK!

보관방법

고온다습한 곳을 피해서 밀폐용기에 넣어 보관합니다. 맛국물을 내서 냉동시켜 두면 편하게 사용할 수 있습니다. 얼음틀에 부어 사각형 모양으로 얼려 놓으면 사용하기 편리합니다.

조리 효과

제료기 서로 시너지효과를 일으켜서 맛이 더 좋아집니다. 아래 표와 같이 왼쪽과 오른쪽의 재료를 섞으면 맛이 좋아집니다.

가쓰오부시 계열의 감칠맛 성분 식재료 (이노신산)	다시마계열의 감칠맛 성분 식재료 (글루타민산)
가쓰오부시	다시마
마른 멸치	표고버섯
마른 표고버섯	조개류
마른 오징어	오징어
광어	토마토
도미	감자
고등어	배추
돼지고기	생 햄
닭고기	닭 뼈

양쪽의 감칠맛을 모두 포함한 식재료

정어리, 새우, 쇠고기

맛국물(다시)

일본 음식의 기본 중의 기본

첫 번째 맛국물

배합(만들기 편한 분량)
물 2컵
다시마 3g
가쓰오부시 6g

만드는 법
다시마와 물을 냄비에 넣고 약불로 가열한다. 기포가 생기기 시작하면 다시마를 꺼내고 가쓰오부시를 모두 넣는다. 냄비가 끓기 시작하면 불을 끄고 1~2분 정도 둔다.

된장국, 조림에

두 번째 맛국물

배합(만들기 편한 분량)
첫 번째 맛국물의 다시마와 가쓰오부시
물 1컵

만드는 법
모든 재료를 냄비에 넣고 불을 켜서 약한 불로 3~4분 정도 끓인 다음 건더기를 거른다.

된장과 맛국물

된장의 감칠맛과 가쓰오부시나 마른 멸치의 감칠맛은 맛의 시너지 효과를 내는 조합입니다. 화학 작용에 대한 연구가 발달하기 전부터 먹던 된장국은 재료 조합의 이치에 맞는 레시피였습니다.

두부 전골과 사찰요리에는

다시마 국물

배합(만들기 편한 분량)
물 2컵
다시마 6g

만드는 법
다시마와 물을 냄비에 넣고 반나절 정도 둔다. 약불에서 가열하다 기포가 생기면서 끓기 시작하면 다시마를 건져낸다.

우동과 된장국에 어울리는

멸치 육수

배합(만들기 편한 분량)
물 2컵
마른 멸치(머리와 내장 제거) 6~8g

만드는 법
마른 멸치를 5분 이상 물에 넣어둔다. 중불로 가열하다 끓기 시작하면 불을 약하게 한 후 떠오르는 거품을 건져내면서 2~3분 끓인 다음 건져낸다.

채소조림이나 맑은 장국에

사찰식 맛국물

배합(만들기 편한 분량)
무말랭이 40g
마른 표고버섯 4개
다시마 5~25g
물 1.5~2컵

만드는 법
모든 재료를 물에 넣고 하루를 둔 다음 가열한다. 중불에서 1컵이 될 때까지 졸인다.

맛국물의 염분

맛국물을 직접 만들면 염분이 적어집니다.

첫 번째 맛국물 0.09%
두 번째 맛국물 0.02%
다시마 0.15%
멸치 0.19%
인스턴트 조미료 약 0.2%

조미액

깔끔하고 맑은 일본의 떡국

간토식 조니

배합(4인분)
첫 번째 맛국물 5컵
국간장 약간
소금 약간

만드는 법
맛국물을 데워서 좋아하는 재료를 넣는다. 국간장, 소금으로 간을 한다.

달달하고 부드러운 일본식 계란찜

차완무시

배합(4인분)
달걀(풀어놓은 것, 대) 2개 분량
소금 1/3큰술
간장 1/3작은술
첫 번째 맛국물 2컵

만드는 법
모든 재료를 잘 섞어서 체에 거른다. 좋아하는 재료를 담고 그릇에 붓는다. 찜기에 넣고 10분 정도 찐다.

된장이 들어간 일본 떡국

간사이식 조니

배합(4인분)
첫 번째 맛국물 3컵
흰 된장(단맛) 120g

만드는 법
맛국물에 토란이나 당근 등 좋아하는 재료를 끓인다. 재료가 부드러워지면 된장을 넣는다. 찹쌀떡, 파드득나물을 넣고 겨자를 풀어 넣는다.

맛이 강해서 조림에도 어울리는

간토식 어묵탕

배합(만들기 편한 분량)
두 번째 맛국물 8컵
청주 3큰술
설탕 2큰술
간장 6큰술

만드는 법
모든 재료를 잘 섞는다. 잘 익지 않는 것부터 순서대로 넣는다.

담백하게 끓이는

간사이식 어묵탕

배합(4인분)
다시마 국물 8컵
청주 4큰술
국간장 4큰술
소금 1작은술
미림 4큰술

만드는 법
모든 재료를 잘 섞는다. 잘 익지 않는 것부터 순서대로 넣는다.

어묵탕의 유래

어묵탕의 원형은 에도 말기에 곤약 덴가쿠를 조려서 만든 것이 유래가 되었다고 합니다. 어묵은 일본어로 오뎅이며 이 단어는 덴가쿠(田楽)의 '덴' 앞에 '오'를 붙여서 만들어진 단어입니다.

매실장아찌

매실장아찌로 의사가 필요 없어진다?

생각만 해도 저절로 침이 고이는 매실장아찌는 병 예방과 건강증진에 효과 있는 식재료입니다. 피로회복, 변비 해소, 빈혈 개선 등 몸에 좋은 식품이지만 염분이 높은 편으로 하루 1개 정도 먹는 것이 적당합니다.

조미료로 요리에 사용하는 것도 추천합니다. 어떤 요리에도 넣기만 하면 일본식 요리의 맛이 나며 싱그러운 산미가 깔끔한 느낌을 주고 식욕이 없을 때나 배가 아플 때도 효과가 있습니다. 매실을 완전히 페이스트 상태로 만든 후 사용하면 더욱 폭넓게 여러 요리에 활용할 수 있습니다.

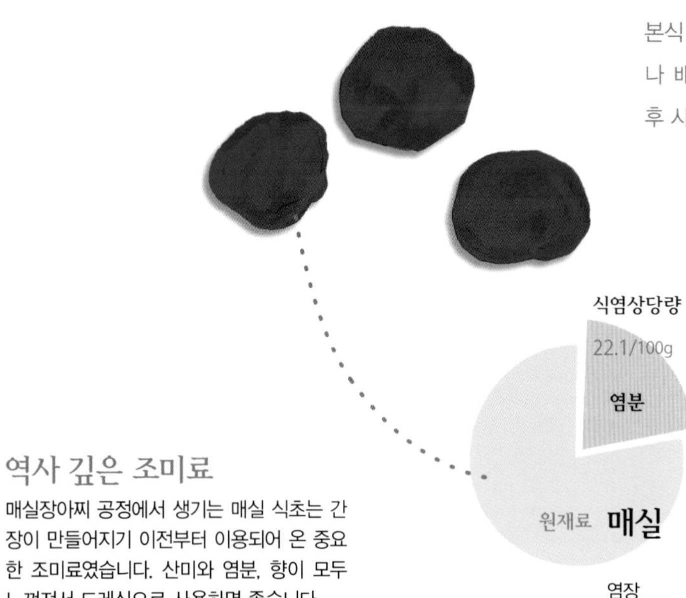

역사 깊은 조미료

매실장아찌 공정에서 생기는 매실 식초는 간장이 만들어지기 이전부터 이용되어 온 중요한 조미료였습니다. 산미와 염분, 향이 모두 느껴져서 드레싱으로 사용하면 좋습니다.

생선조림에 매실장아찌

생선조림에 매실장아찌를 넣으면 짠맛, 신맛을 내주고 동시에 잡냄새를 없애줍니다. 뼈를 부드럽게 해주는 효과도 볼 수 있으며 저장성도 높아서 여름에 사용하면 좋습니다.

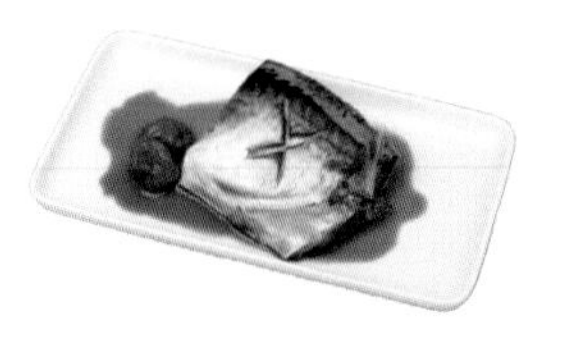

초절임이나 흰살생선회에 곁들이는

매실 청주

재료(4인분)

매실장아찌(씨 포함) 100g
청주 1/2컵
미림 1/2컵

만드는 법

1 냄비에 매실장아찌, 청주, 미림을 넣고 약불로 30분, 분량이 반으로 줄어들 때까지 조린다.
2 매실을 꺼내고 매실 청주는 깨끗한 보관용 병에 옮겨 담아 냉장보관한다. 꺼낸 매실도 냉장 보관한다.

생선구이의 소스와 초밥용 밥에 넣는

매실 간장

재료(만들기 편한 분량)

매실장아찌 20개
설탕 3~4큰술
미림 2큰술

만드는 법

1 매실장아찌는 4~5시간 물에 담궈 소금기를 뺀다.
2 1을 꺼내 물기를 잘 빼고 씨앗을 제거하면서 고운 체에 거른다.
3 작은 법랑 냄비에 2을 넣고 설탕, 미림을 넣고 섞는다. 약불에서 타지 않도록 나무주걱으로 저어준다. 된장과 같은 점도가 되면 불에서 내린다.

매실 간장 활용법

생선구이 소스

배합(생선 4토막 분량)

매실 간장 2작은술
맛국물 3큰술
버터 1큰술

만드는 법

내열 용기에 매실 간장을 넣고 맛국물을 조금씩 천천히 붓는다. 버터를 넣고 전자레인지에 약 30초 동안 가열해서 버터를 녹인다.

등푸른생선의 비린내를 줄여주는

생선 매실 조림

배합(정어리 6마리 분량)

조미료
- 매실장아찌 4개
- 채 썬 생강 30g
- 간장 5큰술
- 설탕 2큰술
- 미림 2큰술
- 청주 2큰술

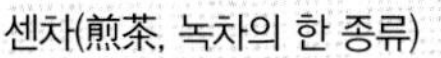

센차(煎茶, 녹차의 한 종류)

메모

센차로 끓이면 생선 비린내가 훨씬 덜해집니다. 마무리로 시소를 얹어 더 깔끔한 맛을 더해줍니다.

기본 레시피

재료(4인분)

정어리 6마리
위의 배합 조미료
채 썬 시소 5장 분량

만드는 법

1 정어리는 머리와 내장을 제거하고 통썰기를 한다.
2 냄비에 조미료를 넣고 잘 섞는다. 1을 나란히 넣고 센차를 정어리가 잠길 정도로만 넣는다. 중불로 가열해서 끓기 시작하면 약불로 낮춰 10분 정도 조린다.
3 불을 약간 키워서 약 10분 더 조린다. 그릇에 담아 시소를 얹는다.

닭고기에 어울리는 서양식 소림

이탈리안 매실 조림

배합(닭고기 600g 분량)

조미액
- 매실장아찌 4개
- 화이트와인 1/2컵
- 콩소메 수프 1/2컵
- 식초 1/3컵

레몬즙 2작은술
올리브유 1큰술

만드는 법

닭고기는 크게 잘라서 올리브유로 굽는다. 조미액을 넣고 뚜껑을 덮지 않은 채로 15~20분 정도 중불에서 끓인다. 조미액의 양이 줄어들고 맑은 색을 띄기 시작하면 레몬즙을 뿌린다.

고기 밑반찬

돼지고기 매실 무침

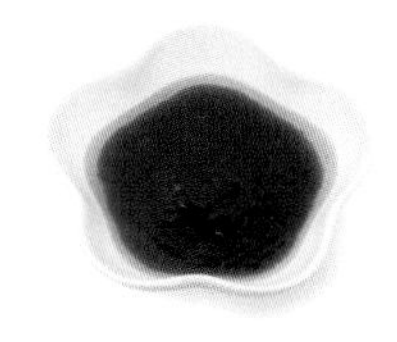

배합(돼지고기 300g 분량)

다진 매실장아찌 2개 분량
간장 2큰술
청주 2큰술
참기름 1큰술

만드는 법

다진 매실장아찌 이외의 조미료를 넣고 가열해서 끓기 시작하면 매실장아찌를 넣고 섞는다. 삶은 돼지고기와 향미 채소를 넣어 무친다.

더운 여름에 더 맛있는

매실 드레싱

배합(만들기 편한 분량)

다진 매실장아찌 1작은술
소금 2작은술
후추 약간
설탕 1작은술
식초 5큰술
식용유 1/2컵

만드는 법

모든 재료를 보관 용기에 넣고 뚜껑을 꽉 닫아 상하로 흔들어 섞는다. 시간이 지나면 분리되기 때문에 사용할 때마다 잘 흔들어야 한다.

채소는 물론이고 닭찜에도

중화식 매실 드레싱

배합(만들기 편한 분량)

다진 매실장아찌 1큰술
다진 생강 10g
다진 마늘 10g
다진 홍고추 1개 분량
간장 1/2컵
참기름 1큰술

만드는 법

모든 재료를 보관 용기에 넣고 뚜껑을 꽉 닫아 상하로 흔들어 섞는다. 시간이 지나면 분리되기 때문에 사용할 때마다 잘 흔들어야 한다.

절임 식품

저장식품 특유의 깊은 맛

고대 일본에서는 채소를 바닷물에 담가서 말리는 작업을 반복해서 식염의 농도를 높이는 소금 절임이라는 저장법이 있었습니다. 현재는 채소 이외에도 산나물, 과일 등을 절이는 재료도 다양해지고 간장 절임, 된장 절임, 술지게미 절임, 쌀겨 절임 등 절임액과 절이는 용기의 종류도 늘어났습니다. 최근에는 건강을 중시해서 너무 오래 절이지 않거나 저염으로 절이는 방법이 인기가 있지만 각각의 맛의 차이를 이해하고 요리에 잘 활용해서 평소와 다른 맛을 만들어보세요.

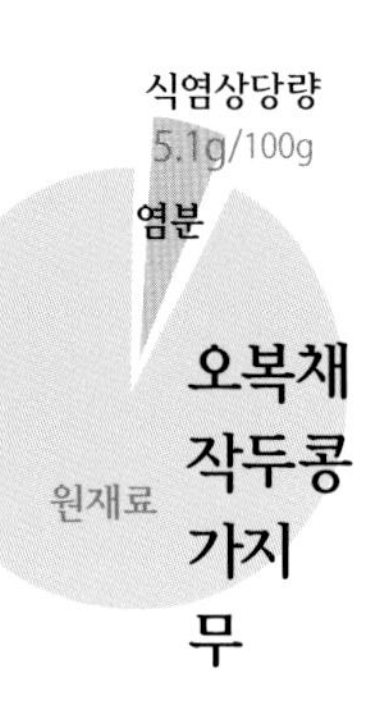

오복채
작두콩
가지
무

오복채의 유래

오복채의 일본명은 후쿠신즈케(福神漬け)입니다. 원조 오복채는 무, 작두콩, 가지, 표고버섯, 순무, 두릅, 시소의 일곱 가지 재료를 간장과 미림에 절인 식품으로, 일곱 가지의 절임이라서 일본에서 복을 불러오는 일곱 신(칠복신)의 '복신'을 따서 이름 지어졌다고 합니다.

살짝 무치기만 해도 맛이 도는

채소 오복채 무침

배합(오이 3개 분량)
오복채(시판) 30g
간장 약간
참기름 1큰술

만드는 법

오복채를 잘게 썰어 간장, 참기름으로 향을 낸다. 방망이로 두들긴 오이, 무 같은 채소와 함께 무친다.

중국식 김치 차사이(榨菜)의 향과 맛을

차사이 수프

배합(4인분)
차사이(간을 한 것) 80g
닭고기 육수 4컵
조미료
- 소금 1/3큰술
- 간장 1작은술
- 청주 1큰술

기본 레시피

재료(4인분)
두부 1/2모
죽순(삶은 것) 1개
파 1개
오른쪽 배합 수프, 재료

만드는 법

1 배합의 차사이를 잘게 썰어서 수프에 넣고 가열한다.
2 재료는 모든 채를 썬다.
3 1이 끓어오르면 2와 조미료를 넣어 다시 한 번 끓여준다.

김치

중독되는 맛, 김치

우리나라에서 김치는 절임 채소의 총칭으로 100종류도 넘는다고 합니다. 일본에 한류 붐이 일어나 그 영향으로 한식을 파는 식당도 늘어나서 김치는 일본인에게도 익숙한 맛이 되었습니다. 제조회사에서 일본인의 취향에 맞춘 김치 조미료를 판매하고 있으며 절임은 물론이고 전골, 볶음, 조림, 볶음밥 등에 이용하면 손쉽게 김치의 맛을 즐길 수 있습니다.

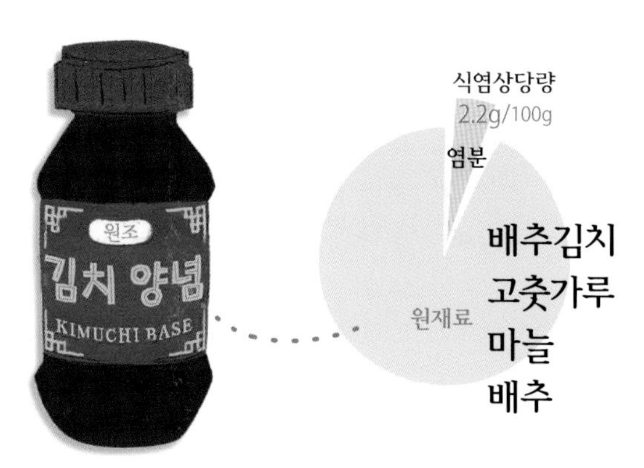

적당히 매운 산뜻한 단맛

시원한 김치 양념

배합(만들기 편한 분량)
다진 마늘 2작은 술
다진 생강 2작은술
고춧가루 3~4큰술
고추장 2큰술
소금 1작은술
벌꿀 2~3큰술
으깬 참깨 2큰술

만드는 법
모든 재료를 잘 섞는다.

양념

김치에 사용하는 배합 조미료를 양념이라고 부릅니다. 젓갈과 굴 같은 해산물, 배 등의 과일을 함께 섞어 유산발효를 시키면 김치 맛이 더욱 좋아집니다.

단맛과 감칠맛이 응축된

정통 김치 양념

배합(만들기 편한 분량)
쪽파 2~3개 분량
마늘 1/2톨
생강 1/2조각
사과 1/4개
뱅어포 20g
고춧가루 2큰술
다시마가루 1/2큰술
뜨거운 물 1.5큰술
설탕 1큰술
멸치액젓 1/2큰술
소금 1/2작은술

만드는 법
파는 잘게 썰고 마늘, 생강, 사과는 강판에 간다. 고춧가루와 다시마가루에 뜨거운 물을 부어 섞고 설탕, 멸치액젓, 소금을 섞는다. 마지막에 뱅어포를 넣고 전체적으로 무쳐준다.

김치 양념으로 소금에 절인 채소를 버무려 – 겉절이
잘게 썬 채소에 – 무침
돼지고기를 볶으면 – 돼지고기 김치 볶음
전골에 넣어주면 – 김치찌개

김치 치즈 구이

재료
흰살생선 4토막
토마토 2개
가지 2개
김치 양념(시판, 오른쪽 레시피 중에 아무거나) 4큰술
피자용 치즈 100g
식용유 2.5큰술
소금, 후추 약간씩

만드는 법
1 생선은 한입 크기로 잘라 소금, 후추를 뿌린다.
2 토마토, 가지는 1cm 두께로 잘라 소금, 후추를 뿌린다.
3 식용유 2큰술로 가지를 볶음 다음 꺼낸다. 식용유 1/2큰술을 더 넣고 1을 볶는다.
4 그라탱 접시에 모든 재료를 넣고 김치 양념을 얹은 후 치즈를 얹어 오븐에 7~8분 정도 굽는다.

가공육

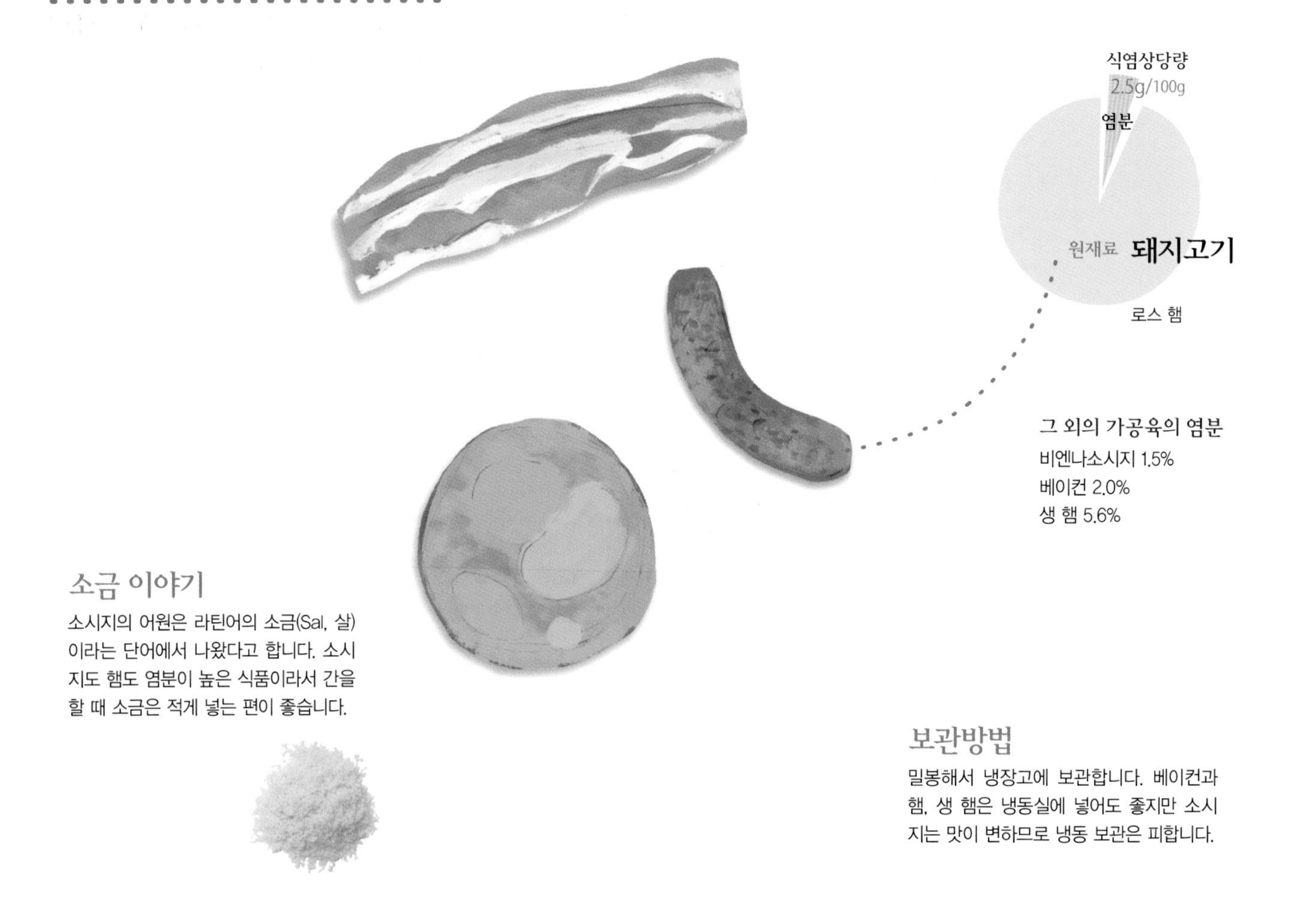

소금 이야기

소시지의 어원은 라틴어의 소금(Sal, 살)이라는 단어에서 나왔다고 합니다. 소시지도 햄도 염분이 높은 식품이라서 간을 할 때 소금은 적게 넣는 편이 좋습니다.

보관방법

밀봉해서 냉장고에 보관합니다. 베이컨과 햄, 생 햄은 냉동실에 넣어도 좋지만 소시지는 맛이 변하므로 냉동 보관은 피합니다.

다양하게 이용하는 식재료

일본에서 고기의 가공이 본격화된 것은 메이지 시대. 햄, 베이컨등 주로 돼지고기를 원료로 한 제품이 많습니다. 하지만 로스트비프, 콘비프, 술안주로 인기 있는 육포 등은 쇠고기로 가공한 것입니다. 훈제 치킨, 된장 절임 등은 닭고기의 가공식품입니다.

어떤 것이든 고기의 보존방법으로 개발한 것이라서 조리하지 않고 그대로 먹어도 되며 조리방법도 간단해서 편리하게 이용할 수 있습니다.

특성을 살린 조리

얇게 썬 햄은 샌드위치나 샐러드에 넣으면 좋습니다. 두껍게 썬 햄은 햄 스테이크로 만듭니다. 구입하기 편해진 생 햄은 소금에 절여 몇 년에 걸쳐 건조 숙성한 것으로, 촉촉하고 풍미가 좋아서 오르되브르(hors d'oeuvres, 전채요리)에 아주 잘 어울립니다.

베이컨은 향미가 좋고 지방도 많아서 요리의 풍미를 더하고 싶을 때 사용하면 좋습니다. 또한 보존성이 높아서 미리 사두면 손님이 갑자기 방문할 때와 같이 급할 때 활용하기 좋습니다.

소시지는 삶거나 볶거나 조리는 등 만능으로 이용할 수 있으며 돼지고기의 비타민류도 많이 포함하고 있어서 피로회복과 건강유지에도 효과가 있습니다.

베이컨의 풍미를 감자로 옮긴

독일식 포테이토

배합(감자 4개 분량)
베이컨 8장
조미료
소금, 후추 약간씩
씨겨자 4작은술
레몬즙 4작은술

만드는 법
기본 레시피를 참고한다.

독일식 포테이토 레시피

재료(4인분)
감자 4개
위의 배합 조미료
올리브유 1/2개 분량
채 썬 양파 1/2개 분량
다진 파슬리 1큰술

만드는 법
1 베이컨은 3~4cm 폭으로 자른다. 감자는 전자레인지로 6분간 가열해서 큼직하게 자른다.
2 올리브유를 두른 프라이팬에 1의 베이컨을 넣고 볶는다. 감자, 양파를 넣고 전체적으로 잘 섞는다.
3 조미료 넣고 섞어서 그릇에 담는다. 취향에 따라 파슬리를 뿌린다.

베이컨을 맛국물 대신으로

베이컨 수프

배합(만들기 편한 분량)
베이컨 50g
다진 마늘 1톨 분량
얇게 썬 양파 1/2개 분량
화이트와인 1/2컵
뜨거운 물 2컵
올리브유 적량

만드는 법
베이컨은 1cm 폭으로 자른다. 올리브유를 두른 냄비에 마늘, 양파, 베이컨 순서로 넣고 볶는다. 화이트와인을 붓고 강불에서 알코올 성분을 날린다. 뜨거운 물과 취향의 재료를 넣고 조린다.

배추와 같이 담백한 채소를 무친

새콤한 베이컨 무침

배합(배추 1장 분량)
베이컨 2장
참기름 1작은술
조미료
초밥용 식초 2작은술
소금, 굵은 후추 약간씩

만드는 법
베이컨은 가늘게 썰어 참기름으로 바삭바삭해질 때까지 볶는다. 뜨거울 때 채 썬 채소를 넣은 볼로 옮겨 조미료를 넣고 무친다.

스팸 기름으로 고야를 맛있게 볶은 오키나와식

스팸 고야 참플

배합(4인분)
스팸(캔) 1/2캔
고야 1개
가쓰오부시 가루 1봉지(소)
소금 적량
간장 1작은술
식용유 약간

만드는 법
스팸은 5mm 크기로 직사각형 모양으로 썬 후 기름으로 볶는다. 고야, 두부, 달걀 등의 재료를 넣고 소금, 후추로 볶다가 마무리로 간장과 가쓰오부시 가루를 넣는다.

소시지를 볶아서 풍미를 더하는

포토퓌

배합(4인분)
소시지 8개
조미액
월계수잎 1장
화이트와인 1/2컵
물 4컵
소금 1/2큰술
올리브유 1큰술
머스터드 적량

만드는 법
소시지를 올리브유로 볶다가 양배추 등의 좋아하는 재료를 넣고 살짝 섞어준다. 여기에 조미액을 넣고 천천히 조린다. 소금으로 간을 해서 그릇에 담아 머스터드를 곁들여낸다.

포토퓌는 프랑스식 어묵탕

포토퓌는 프랑스어로 '불에 달군 그릇'이라는 의미로 조림요리 전반을 가리키는 단어입니다. 일본의 어묵탕과 같이 좋아하는 재료를 넣고 만들면 됩니다.

허브, 스파이스

조리 효과

- 고기나 생선의 밑간을 해서 풍미를 더하고 냄새를 없애줍니다
- 중화요리, 서양요리의 수프를 만들 때 넣으면 향이 좋아집니다
- 조리 할 때 넣으면 매운맛을 낼 수 있습니다
- 카레, 빠에야 등의 요리에 독특한 색을 입혀줍니다
- 향신료로 곁들이면 맛을 응축시켜 줍니다

보관방법

허브 잎은 물기를 묻힌 종이에 감싸서 냉장고에서 넣어두거나 올리브유에 넣어 향 오일로 만들어도 좋습니다. 건조한 제품은 고온다습한 곳을 피해 보관합니다.

새로운 향미 식품

이전에는 허브 이야기를 들어도 확실한 이미지가 떠오르지 않을 정도로 낯선 식품이었습니다. 실제로 일본에서 일반적으로 사용하게 된 것은 1960년대 초반입니다. 스파이스가 허브보다 먼저 들어왔다고 합니다.

이 둘은 모두 향미료지만 허브는 맛이 비교적 부드러운 반면에 스파이스는 향과 맛에 자극성이 강한 것이 많습니다.

향으로 맛을 업그레이드

향신료로 불리는 만큼 요리의 주역을 맡진 못하지만 고기, 생선, 채소의 요리에 사용해 향, 식욕, 소재의 진미를 살려주는 조연으로서 멋진 역할을 해냅니다.

일본에서 같은 역할을 하는 식재료는 생강, 고추냉이, 시소, 파드득나물, 유자, 미나리 등이 있습니다.

시중에서도 허브 잎을 구입할 수 있으며, 허브 전문점의 경우는 건조제품이나 가루제품의 종류도 풍부합니다. 허브마다 건강에 좋은 성분이 다르므로 효능과 특성을 알아두면 편리합니다.

오레가노

약간 쓴맛이 돌며 뒷맛이 깔끔합니다. 잡냄새를 없애는 효과가 있어 고기의 밑간을 할 때 이용합니다.

캐러웨이

싱그럽고 달콤하면서도 쓴맛이 있는 향신료는 식후에 먹으면 입안의 냄새를 없애주므로 디저트로 이용하면 좋습니다.

클로브

바닐라와 비슷한 향이 납니다. 고기요리의 잡냄새를 없앨 때 이용하며 우스터 소스의 원료이기도 합니다.

후추(흑)

가장 많이 쓰는 스파이스로 아직 익지 않은 녹색의 씨앗을 수확해서 씨앗을 통째로 건조한 것입니다. 자극적인 향과 매운맛이 있습니다.

코리앤더

고수 또는 향채라고도 합니다. 잎과 가지는 에스닉 요리에 빼놓을 수 없는 허브로 이용하고 씨앗은 소스와 카레 가루로 이용합니다.

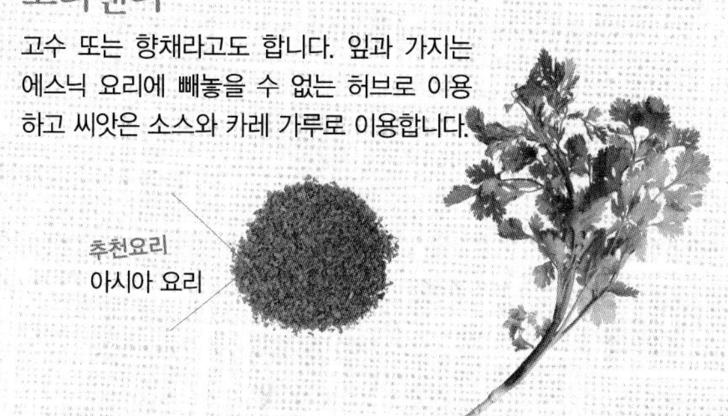

카레 가루

카레 가루는 심황, 소두구, 쿠르쿠민 등 여러 종류의 스파이스를 섞어서 만든 것으로 40종류 이상을 섞은 것도 있습니다.

커민

카레 가루 향의 원료로 자극적이며 약간 맵고 쓴맛이 있습니다. 채소 볶음에 넣어도 맛있습니다.

오향분

계피, 진피, 클로브 등을 섞어서 만든 혼합 스파이스입니다. 조림과 튀김의 밑간에 사용하면 중화요리의 향을 낼 수 있습니다.

후추(백)

완숙한 씨앗을 수확해서 외피를 벗기고 건조한 것으로 검은 후추보다 맛과 향이 부드럽습니다.

산초

일본에서 만들어진 스파이스로 새순은 생잎으로 사용합니다. 중국의 '화초'도 산초의 일종이지만 풍미가 다릅니다.

계피

고급스러운 향과 단맛이 납니다. 몸을 따뜻하게 해주는 효과도 있는 스파이스로 홍차나 커피에 이용해도 좋습니다.

추천요리
고기요리, 과자

타라곤

다른 이름은 에스트라곤. 셀러리와 비슷한 향이 특징인 허브로 부드러운 단맛과 쓴맛이 납니다. 쑥의 친척입니다.

추천요리
달걀 요리

딜

깔끔하고 특별한 맛이 없으며 싱그러운 향이 납니다. 크림 소스와 잘 어울립니다. 북미 요리에 자주 사용합니다.

추천요리
생선요리, 피클

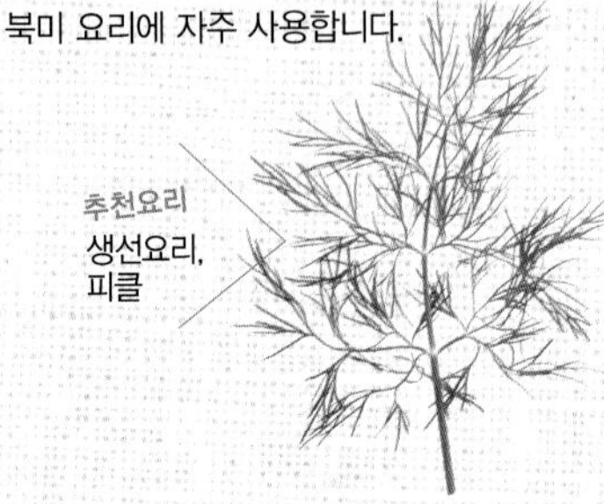

바질

가장 익숙한 허브로 이탈리아 요리에 많이 사용합니다. 일본에서는 시소처럼 폭넓게 사용합니다. 볶음이나 마리네에도 잘 어울립니다.

추천요리
모든 요리

타임

싱그러운 향과 맛이 약간 씁쓸한 허브로 고기와 생선의 잡냄새를 없애는 역할을 합니다. 우스터 소스나 케첩의 원료입니다.

추천요리
모든 요리

처빌

프랑스어로는 세르퓌유. 부드럽고 싱그러운 향이 나며 파슬리처럼 다양한 요리에 간단하게 사용할 수 있습니다.

추천요리
샐러드, 생선요리

육두구(너트메그)

달콤한 향과 부드러운 쓴맛, 소화촉진 효과가 있어 위장약의 재료로 사용합니다. 고기의 잡냄새를 없애는 활약을 합니다.

추천요리
햄버그, 과자

팔각회향

돼지고기를 삶을 때나 닭고기를 튀길 때 넣으면 중화요리의 향이 납니다. 소화를 촉진하는 효과도 있어서 기름진 요리에 넣으면 좋습니다.

추천요리
중화요리, 고기요리

바닐라

바닐라 에센스는 알코올에 바닐라 엑기스를 녹여 만든 것으로 열에 약합니다. 과자를 구울 때 사용하려면 바닐라 오일을 사용하는 편이 좋습니다.

추천요리
과자

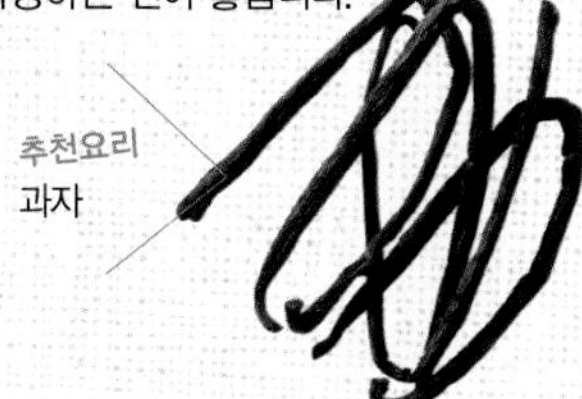

펜넬

생선과 잘 어울리는 허브입니다. 생선 마리네에 넣거나 오븐에 구울 때 뿌리면 맛이 좋아집니다.

추천요리
생선요리, 제빵

루콜라

참깨의 풍미가 나는 허브로 향이 날아가기 쉬워서 오래 가열하지 않는 요리에 사용합니다. 무침에 넣어도 좋습니다.

추천요리
샐러드

로즈마리

깊고 신선한 향기로 고기요리의 잡냄새를 없애는데 최적의 허브입니다. 가열해도 향이 사라지지 않아서 조림요리에도 잘 어울립니다.

추천요리
고기요리

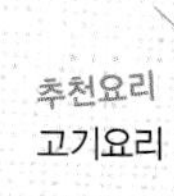

파프리카

채소의 파프리카를 가루로 만든 것으로 요리에 선명한 붉은색을 곁들일 때 사용합니다. 약간 달큼시큼한 향이 납니다.

추천요리
달걀 요리, 수프

민트

청량감을 주는 향이 특징인 허브로 디저트를 꾸밀 때 사용하면 보기에도 싱그럽습니다. 잎을 넣고 그대로 뜨거운 물을 부어 허브티로 이용해도 좋습니다.

추천요리
과자, 고기요리

레몬그라스

레몬과 비슷한 향이 나는 허브입니다. 태국 요리나 인도네시아 요리의 필수품으로 마늘, 고추와 궁합이 잘 맞습니다.

추천요리
매운 요리

월계수잎

청량감이 있는 향과 약간의 쓴맛이 납니다. 고기와 생선의 냄새를 없애는데 최고의 향신료이며 특히 내장요리에는 빼놓을 수 없습니다. 소재의 맛을 살려줍니다.

추천요리
조림요리

그리운 맛

포크 카레

재료(4인분)

볶은 양파 1개 분량
밀가루 5큰술
카레 가루 2큰술
토마토케첩 1큰술
츄노 소스 또는 우스터 소스 1큰술

만드는 법

노란색이 될 때까지 볶은 양파에 밀가루를 넣고 볶는다. 여기에 카레 가루를 섞어 기본 소스를 만든다. 채소와 돼지고기를 볶은 후 물을 부어 부드러워질 때까지 끓이고 조미액 1/4컵에 잘 푼 기본 소스를 넣는다. 마무리로 소스와 케첩으로 간을 하고 한 번 더 끓여준다.

강한 매운맛을 원할 때

키마 카레

재료(4인분)

다진 마늘 1톨 분량
다진 생강 1조각 분량
다진 양파 1개 분량
카레 가루 2큰술
토마토퓌레 200g
월계수잎 1장
츄노 소스 또는 우스터 소스 1큰술

만드는 법

마늘, 생강, 양파를 볶아서 향을 내고 카레 가루를 넣어 볶는다. 다진 고기를 넣고 잘 볶다가 월계수잎과 토마토퓌레를 넣고 섞어가면서 조린다. 마무리로 츄노 소스를 넣는다.

코코넛밀크로

태국식 카레

재료(4인분)

다진 마늘 1톨 분량
다진 양파 1/2개 분량
카레 가루 1작은술
홍고추 1개
계피 1/2개
월계수잎 1장
코코넛밀크 1컵

만드는 법

마늘, 양파를 숨이 죽을 때까지 볶다 고기와 채소를 넣고 볶는다. 카레 가루, 고춧가루, 계피, 월계수잎을 넣고 내용물이 잠길 정도만 물을 넣어 가열한다. 재료에 전체적으로 열이 가해지면 코코넛밀크를 넣고 한소끔 끓여준다.

카레의 응용

맛국물로 조린

일본식 카레

볶은 쇠고기와 양파에 카레 가루를 넣고 일본식 맛국물로 끓입니다. 간장, 케첩으로 간을 하면 일본식 카레가 만들어집니다.

깔끔한 맛의

치킨 카레

닭고기는 요구르트를 바르고 잘 주물러 밑간을 합니다. 재료에 토마토를 넣은 카레는 산미가 깔끔하고 개운한 맛이 납니다.

어른의 맛

해산물 카레

채소를 볶아서 카레 가루를 잘 섞어줍니다. 해산물은 따로 화이트와인으로 소테를 해서 섞어줍니다. 커민을 넣어 독특한 풍미를 만듭니다.

계량법

Summary

조미료 계량법

1큰술

1/2큰술

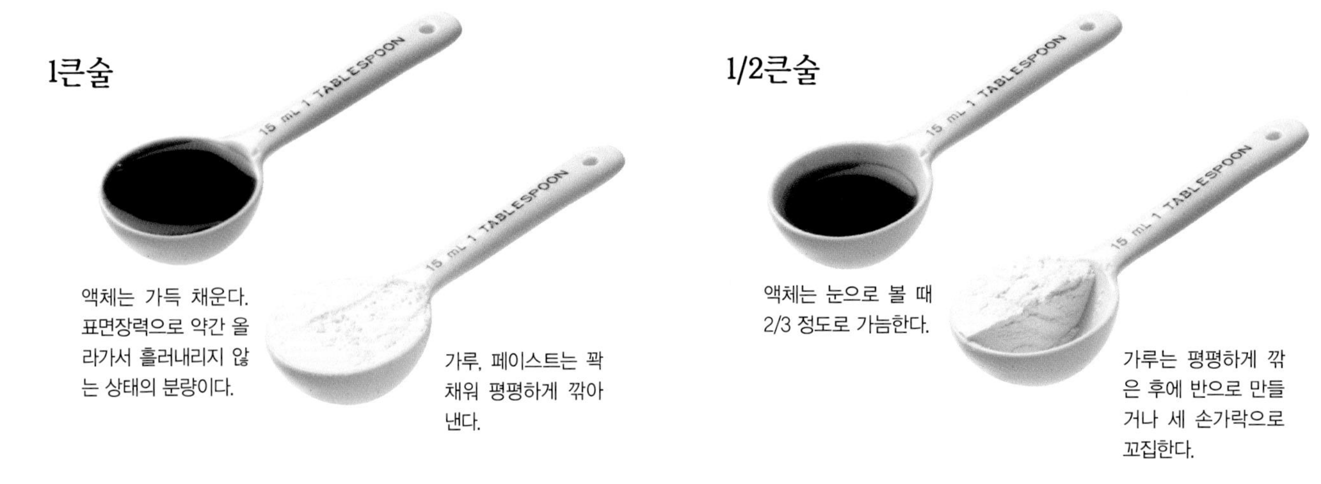

액체는 가득 채운다. 표면장력으로 약간 올라가서 흘러내리지 않는 상태의 분량이다.

가루, 페이스트는 꽉 채워 평평하게 깎아낸다.

액체는 눈으로 볼 때 2/3 정도로 가늠한다.

가루는 평평하게 깎은 후에 반으로 만들거나 세 손가락으로 꼬집한다.

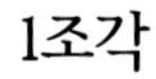

1조각

생강은 큰 엄지손가락 크기. 약 20g이다.

마늘은 작은 것으로 1조각. 약 10g이다.

1컵

액체는 눈금으로 수평을 보고 정확하게 계량한다.

분말 상태의 재료는 굳은 것은 으깨서 넣는다. 컵 바닥을 두들겨서 눌러 담지 않고 표면을 평평하게 수평을 만든다.

소금과 당분

조미료를 바꿔서 응용의 폭을 넓힌다

간장 대신에 된장을, 설탕 대신에 미림을……. 이런 식으로 레시피를 응용할 때 염두에 두어야 할 사항이 있습니다. 바로 각각의 조미료에 포함된 염분과 당분의 양입니다. 조미료의 양을 같게 계량하는 것이 아니라 그 속에 포함된 염분과 당분의 양이 같도록 바꿔주면 맛의 균형을 맞출 수 있습니다.

소금 1g =

소금 1/6작은술

소금 1g 분량의 염분 =

간장 1작은술

소금 1g 분량의 염분 =

된장 1/2큰술

설탕 1g =

설탕 1/3작은술

설탕 1g 분량의 당분 =

미림 1/3작은술

조미료의 무게와 열량

	1작은술		1큰술		1컵	
	무게(g)	열량(kcal)	무게(g)	열량(kcal)	무게(g)	열량(kcal)
간장	6	4	18	13	230	163
미림	6	14	18	43	230	554
된장	6	12	18	35	230	442
소금	6	0	18	0	240	0
설탕	3	12	9	35	130	499
벌꿀	7	21	21	62	280	823
카레 가루	2	8	6	25	80	332
후추	2	7	6	22	100	371
토마토케첩	5	6	15	18	230	274
우스터 소스	6	7	18	21	240	281
마요네즈	4	27	12	80	190	1273
치즈 가루	2	10	6	29	90	428
깨	3	17	9	52	120	694
기름	4	37	12	111	180	1658
버터	4	30	12	89	180	1341

색인

Design: regia
Photo · Illust: Ishikura Hiroyuki

568 조미료 · 소스 · 양념 대백과

1판 1쇄 발행 | 2013년 9월 23일
1판 7쇄 발행 | 2024년 7월 22일

지은이 주부의벗사
옮긴이 송소영
감수 용동희
펴낸이 김기옥

실용본부장 박재성
편집 실용2팀 이나리, 장윤선
마케터 이지수
지원 고광현, 김형식

한국판 디자인 푸른나무디자인
인쇄 · 제본 민언프린텍

펴낸곳 한스미디어(한즈미디어(주))
주소 121-839 서울특별시 마포구 양화로 11길 13(서교동, 강원빌딩 5층)
전화 02-707-0337 | 팩스 02-707-0198 | 홈페이지 www.hansmedia.com
출판신고번호 제 313-2003-227호 | 신고일자 2003년 6월 25일

ISBN 979-11-6007-865-7 13590

책값은 뒤표지에 있습니다.
잘못 만들어진 책은 구입하신 서점에서 교환해 드립니다.